蓬莱离岸人工岛关键技术研究及应用

张二林　编著

人民交通出版社
北京

内 容 提 要

本书全面深入探讨了离岸人工岛建设技术。本书选取蓬莱人工岛建设案例,结合作者多年工程实践经验与理论研究,系统地介绍了离岸人工岛的概念、发展历程、关键技术以及建设过程中的环境保护和质量控制。内容涵盖了区域环境条件、离岸人工岛平面设计、海上人工岛绿色建设评估、离岸人工岛岛壁安全设计、人工岛陆域与岸滩建设技术、人工岛建设质量检测与评估技术等多个方面。

本书适合海洋工程、土木工程、环境科学等领域的专业人员和研究人员阅读,也适合作为高等院校相关专业的教学参考书籍。本书也可为政策制定者和对海洋资源开发感兴趣的读者提供相关的信息和指导。

图书在版编目(CIP)数据

蓬莱离岸人工岛关键技术研究及应用 / 张二林编著.
北京 : 人民交通出版社股份有限公司, 2024. 11.
ISBN 978-7-114-19846-5

Ⅰ. TU98

中国国家版本馆 CIP 数据核字第 2024LE9407 号

Penglai Li'an Rengongdao Guanjian Jishu Yanjiu ji Yingyong

书　　名: 蓬莱离岸人工岛关键技术研究及应用
著 作 者: 张二林
责任编辑: 黎小东　朱伟康
责任校对: 赵媛媛　魏佳宁
责任印制: 刘高彤
出版发行: 人民交通出版社
地　　址: (100011)北京市朝阳区安定门外外馆斜街 3 号
网　　址: http://www.ccpcl.com.cn
销售电话: (010)85285857
总 经 销: 人民交通出版社发行部
经　　销: 各地新华书店
印　　刷: 北京市密东印刷有限公司
开　　本: 787 × 1092　1/16
印　　张: 10.75
字　　数: 240 千
版　　次: 2024 年 11 月　第 1 版
印　　次: 2024 年 11 月　第 1 次印刷
书　　号: ISBN 978-7-114-19846-5
定　　价: 80.00 元

前言

海洋资源开发作为现代经济发展的重要组成部分，海上人工岛的功能设计与建设技术也在不断地创新与提升。在确保工程可行性与经济效益的前提下，离岸式人工岛正逐步向生态友好型和更高安全保障的方向发展，以实现人与自然的和谐共处。为了保障蓬莱西海岸居民的生命财产安全，同时促进蓬莱西部地区的全面发展，蓬莱市对西海岸进行了全面的修复与开发工作，通过精心规划与建设离岸人工岛，旨在打造一个集海上旅游、休闲、景观、娱乐、观光等多功能于一体的大型滨海旅游景观带。

本书回顾了蓬莱离岸人工岛的建设过程，通过现场调研、数值模拟及物理模型试验等多维度的研究，深入总结了离岸人工岛在绿色建设与安全保障方面的关键技术。这些研究成果可为未来类似工程的规划设计和建设提供坚实的理论依据。

全书共分为7章。第1章离岸人工岛建设综述，主要介绍国外和国内人工岛建设现状及技术发展情况。第2章区域环境条件，主要介绍地理位置、气象、潮汐、潮流、波浪、泥沙和工程地质。第3章离岸人工岛平面设计，主要介绍离岸人工岛设计的基本原则和水动力要素的相互影响。第4章海上人工岛绿色建设评估，主要介绍用海布局优化和旅游功能评估。第5章离岸人工岛岛壁安全设计，主要介绍设计条件、结构设计和试验研究。第6章人工岛陆域与岸滩建设技术，主要介绍陆域建设和人工沙滩建设。第7章人工岛建设质量检测与评估技术，主要介绍岛壁和地基处理的检测方法。本书整理了大量珍贵的图片资料，以图文并茂的方式，向读者全面展示蓬莱离岸人工岛的建设历程、技术特点以及对区域发展的贡献，以期为海洋资源开发的可持续发展提供有益的参考与启示。

本书由天津水运工程勘察设计院有限公司张二林编著。成书过程中，天津水运工程勘察设计院有限公司王广禄、吴昊旭负责资料整理及校稿工作。感谢烟台市蓬莱东部创发新区服务中心方晓伟和蓬莱西海岸文化旅游区发展服务中心崔跃对本书的指导和提供的资料补充。

由于作者水平有限，书中难免有错误和不足之处，敬请读者批评指正。

作　者

2024年8月

目录

1 离岸人工岛建设综述

海洋,这片覆盖地球七成以上面积的蔚蓝奇迹,不仅孕育着地球上最宏大的生态系统,更蕴藏着人类文明发展不可或缺的宝贵资源。随着陆地资源的日渐枯竭,科技的飞速进步引领着我们,勇敢地向那片神秘而浩瀚的海洋深处探索。海洋资源的开发与利用,已成为引领未来的关键力量。

在那些经济蓬勃发展的沿海地带,土地与岸线资源变得尤为宝贵,甚至稀缺。国家重大建设项目常常面临土地匮乏的困境,那些适宜建设港口的优质岸线资源更是日渐难觅。面对这样的挑战,人们开始寻求新的解决方案——填海造地,开辟新的岸线和土地资源,这一趋势在近年来越发显著。为了减轻对自然环境的影响,海岛资源的开发与人工岛的建设,逐渐成为人们广泛认可与重视的选择。

人工岛以其周边空间的开阔、较小的外界干扰、巨大的发展潜力,以及对生态环境相对较小的影响,展现出其独特的优势。它们能够创造出宝贵的深水岸线,为海上油气平台、海上机场、深水港口、海上城市、工业岛等多元化建设项目提供理想的平台。

虽然海上人工岛的建设尚处于起步阶段,人类对海洋的了解还有许多未知,但这既是我们面临的挑战,也是未来发展的机遇。从功能与规模的确定、设计标准的制定、选址的科学性、关键基础资料的获取,到总体布局与平面形态的规划、陆域形成与基础处理、新型护岸结构的研发、施工组织的优化、生态与环境保护的实施,再到监测与监控技术的提高,人工岛建设的每一个环节都充满了探索与创新的空间。随着不断的技术创新与经验积累,人工岛建设不仅能够为人类开拓更多的生存与发展空间,更将成为推动海洋经济繁荣与可持续发展的重要力量。

1.1 国外海上人工岛建设

人工岛的建设是一个不断探索和研究的过程,很多发达国家致力于提高人工岛的建设技术和方法,以确保所建岛屿的质量和可持续性。这些岛屿的建造必须遵循环境保护和海洋资源可持续利用的原则,对推动城市发展和经济增长至关重要。人工岛的用途主要包括工业人工岛、交通用人工岛、储存场地、娱乐场所、海上城市和农业渔业用地等。工业人工岛可用作在海上建设能源基地,例如海洋风电场、波浪能发电设施、海洋石油开采平台等。交通用人工岛是为了满足海上交通的需求,建设海上机场、港口、桥隧转换人工岛等,以方便人员和货物的运输和流通。人工岛还可以用作储存场地,例如海上石油储备基地和危险品仓库,用于存储石油和化学品等物资。娱乐场所方面,人工岛可以用作打造海上公园、游艇基地和人工海滨等,提供休闲和娱乐的场所。海上城市则是一种创新的城市规划形式,它将城市建设与海洋融为一体,为居民提供宜居的环境和便利的生活设施。此外,人工岛还可以作为农业和渔业用地,促进食品生产和提供渔业资源。

国外已经建成了许多人工岛。对人工岛建设技术研究较多的国家主要是海洋性国家,如日本和荷兰等。日本作为一个多山岛国,由于国土狭小且人口稠密,填海造陆工程在其城市化发展过程中非常广泛。日本是世界上建造人工岛数量最多、规模最大的国家之一,对人工岛的研究也最为深入。荷兰作为"围海造田"专家,具有丰富的海岸工程经验和成就。此外,美国、英国以及中东地区等国家和地区也建设了部分人工岛,以满足其发展和海洋资源利用需求。

早在19世纪初期,出于防卫目的,日本就在东京湾开始建造驻防的岛屿。在20世纪50年代,日本建造了一些岛屿用于开采海底煤矿。在经济高速发展的20世纪60年代,日本在各地沿海地带围垦以发展工业。到了20世纪70年代,围垦的重点转移到海岸以外的人工岛,作为避免工业污染的一种途径,目前人工岛的主要应用是扩建港口设施和机场。日本有代表性的人工岛主要包括东京湾横贯公路川崎人工岛、关西国际机场人工岛、神户海上城市人工岛等。

以下对关西国际机场人工岛、迪拜人工岛进行详细介绍。

1.1.1 关西国际机场

关西国际机场选址始于1968年,论证内容包括机场与市区的距离、空域安全、集疏运交通组织、区域规划,以及24h运营对市区噪声的影响等,前后持续20年,耗资200亿日元。尽管花费了大量的时间和人力,选址的自然条件还是不尽如人意。政府在选址决策时主要考虑环境保护的要求,将人工岛选在远离海岸、水深较大、地质条件不宜进行工程建设的位置上。从海洋工程的角度看,当人工岛所在位置水深达18m以上时,将需要以相当厚度的填料堆积在海底软土之上,这已经超出现有土力学的适用范围。在这一水深的海域,理论上最大波高可达10m以上,人工岛从海底堆起的填料荷载达数亿吨。大阪湾地质情况十分复杂,人工岛下部软土层厚度达数百米。在这一厚度的软土层上承受如此规模的荷载,最终会引起多么大的地基沉降变形,设计者并无充分的认识。可以说,工程界对人工岛机场地基沉降后果的深刻反省基本上是从关西国际机场建设发现的问题开始的。实际上,意识到地基沉降严重并不是在工程完成后的若干年,而是在填海过程中填料刚出水面时便已发现填埋土体的沉降陡然加快。最终不得不在设计上临时增加了人工岛的填筑高程,使实际工期比原计划推迟了一年半,总预算增加了 1.5 倍。

关西国际机场建设共分 3 个阶段，分期逐步实施。一期工程的人工岛面积 5.11km^2，四周护岸长 11.2km，平均水深 18m，工程填方量 1.78 × 10^{8}m^3，历时 7 年，其中填海造地用时 5 年，于 1994 年建成。二期工程始于 1999 年，人工岛面积 5.45km^2，四周护岸长 13.2km，平均水深 19.5m，工程填方量 2.5 × 10^{8}m^3，于 2007 年建成。一期和二期工程分别为两个独立的人工岛，两岛之间跨海相连。护岸结构分为斜坡护岸和直立式护岸两类，其中斜坡式护岸占绝大部分。地基处理时保留原有淤泥层，主要采用沙井方式排水固结，少量采用固化剂搅拌硬化软基方法。

关西国际机场人工岛的平面构型大致为矩形（图 1.1-1），从空中俯瞰形似飘扬的旗帜。机场与陆域联系的交通方式有公路、轻轨和水运三种。其中，公路、铁路两用跨海桥长 3750m、宽 30m，设上下两层，上层为 6 车道公路，下层为两条轻轨及备用车道。为了满足水上交通的需要，机场设有客货码头，包括 6 个趸船泊位和 500m 长的靠泊岸线。在航空煤油供应方面，关西国际机场采用水上运输的方式，在人工岛朝岸侧设有 10000t 级泊位 1 个、2000t 级泊位 3 个，共计 4 个油品泊位。此外，人工岛还设有部分施工泊位，可兼作其他用途。

图 1.1-1　关西国际机场俯瞰图

为了防止施工期泥沙悬浮物污染海洋环境，关西国际机场施工时在水面上安装了漂浮性防污板，以防止被污染的海水扩散到施工区以外的水域。为了恢复大阪湾的海洋生态环境，在斜坡式护岸底部放置了大量可附着海藻的人工礁及海藻培养基。通过养殖水藻吸收海水中的氮和磷，增加水中氧气，提高海水的自净功能，利于鱼虾产卵栖息。在一期人工岛长 11.2km 的护岸上，有 8.7km 设置了人工礁块体（约占总长的 77.7%），形成人工藻场 23 × 10^{4}m^2。二期人工岛进一步扩大，形成人工藻场 44 × 10^{4}m^2。工程完工后，附着生长的海藻种类达 63 种，取得了良好的效果。建成后的机场人工岛地面主要由砂砾石块组成，基本上不适宜植物生长。为了绿化，需要在地面覆盖腐殖土并进行人工栽培。经过对适宜当地植物生长的土壤、物种等的调查和试验，专门从周边的大阪和歌山县的海滩上收集野生植物种子栽培试种，政府对此给予了财政资助。

在人工岛建设技术方面,日本对于自然条件、岛壁结构、地基处理、施工组织、生态环保等方面都开展了较深入的研究。如在川崎人工岛采用了 2.8m 厚、119m 长的地下连续墙作为岛壁结构,为当时世界最大规模的地下连续墙工程,对于海底表层约 24m 厚的淤泥采用了挤实砂桩法和深层水泥拌和法进行软基加固,施工过程中采用了大量先进测量、定位技术与工具,以保证质量和安全;在关西国际机场人工岛建设中,大量土方通过隧道、皮带机输送装船进行人工岛填筑,护面块体的选用考虑了生态效果等;对大尺度近海建筑物周围的局部冲刷等也进行了广泛的试验研究。

1.1.2 迪拜人工岛

近年来,中东地区成为人工岛建设的主要区域,主要应用于城市开发领域。其中,迪拜的棕榈岛、世界岛以及巴林的安瓦吉岛等都是典型的案例。在城市开发方面,这些人工岛除了采用常规的建造技术外,还特别关注平面形态、景观、水环境和配套设施等方面的设计。

迪拜是阿拉伯联合酋长国最富有的地区之一,它的人工岛建设堪称有史以来最大胆的工程之一,耗资数百亿美元。岛上云集了众多一流的酒店和私人豪宅,遍植奇花异草,形成了一个绿色的人工岛。从高空俯瞰迪拜,可以依稀看到两棵巨大的棕榈树漂浮在蔚蓝色的海面上,仔细辨认,可以发现这两棵棕榈树实际上是由一些错落有致、大小不一的人工岛屿组成的。除棕榈树外,还可以看到由 300 个岛屿勾勒出的一幅世界地图(图 1.1-2)。

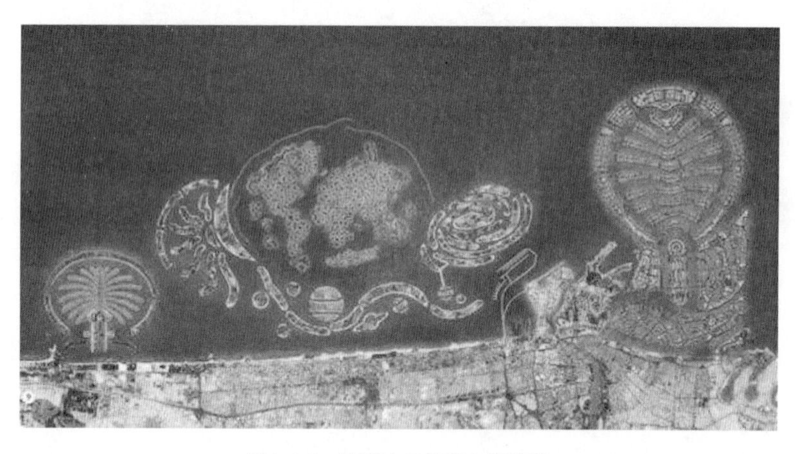

图 1.1-2　迪拜人工岛高空俯瞰图

棕榈岛工程起始于朱美拉棕榈岛的建设,后经王储的大力推动,工程规模迅速扩大,原本计划中的单一岛屿群逐渐扩展并新增了阿里山棕榈岛、代拉棕榈岛以及世界岛。这些岛屿的构筑完全依赖于人工喷砂填海技术。岛上建有超万栋私人住宅、1 万多套公寓,以及包括上百家豪华酒店、主题公园、餐馆、众多码头和遍布各处的购物中心在内的设施。人工棕榈岛工程的完工,极大地拓展了迪拜的海岸线,从原来的 72km 延伸至 1500km,增幅超过 20 倍;同时在沙漠深处开辟出滨水区,为城市带来新的发展空间。

朱美拉棕榈岛的建设标志着人工棕榈岛工程的正式开启。该岛距离海岸约30km,岛屿的长、宽均达到5.5km,整体布局由一个类似棕榈树干的主岛、17个类似棕榈树叶的半岛以及一个环绕岛屿四周、形似树冠的新月形防波堤构成,形成了独特的岛屿形态。

为了将迪拜的宏伟蓝图转化为现实,亟须汇聚全球顶尖的工程专家。为此,迪拜的人才招募战略特别聚焦于北欧和荷兰,后者以其在围海造陆领域的深厚专业知识而闻名。1932年,荷兰须德海围海工程的实施,通过建设一条32km的大坝,成功地将须德海湾与北海隔开,并围垦出1660km^{2}的土地。为了确保岛屿的稳固,工程师们认识到必须建造防波堤以环绕岛屿。然而,防波堤的规模应如何确定?为了解答这一问题,研究人员对迪拜暴风雨的强度、海浪和潮汐的高度,以及全球变暖对海平面上升的影响进行综合计算。海岸工程师们最为担忧的是异常海浪的潜在威胁,这些海浪在持续风力和大潮的推动下,经过长距离的增强,能对岛屿造成毁灭性的影响。

幸运的是,研究小组发现波斯湾是建造此类超级工程的理想地点。该地区的平均水深仅为30m,海湾宽度不过160km,这样的水深和宽度均不足以形成灾难性的巨浪。尽管如此,研究小组仍需考虑“夏马风”的影响,这是一种每年冬季都会带来高达2m海浪的强烈北风,对建筑结构构成严重威胁。此外,研究人员还需准备应对百年一遇的暴风雨。经过最终计算,为了保护岛屿免受侵蚀,防波堤必须至少高出设计浪高3m,且长度不小于11.5km。

建造这一巨大岛屿的任务对建岛团队来说充满挑战。需要寻找$9400 \times 10^4 m^3$的沙子,足以为整个曼哈顿岛铺设1m厚的沙层。寻找合适的沙子是一项艰巨的任务,迪拜虽然沙子众多,但沙漠中的沙子颗粒过细,无法满足工程需求。工程师们最后在离岸11km处找到了理想的沙源。这种沙子质地粗糙、密度高,能够有效抵御海浪的侵蚀。建岛团队计划从海湾海床挖掘沙子,这样可以缩短疏浚船运输建材到工地的时间,仅需3h,疏浚船就能完成一次往返,挖掘并喷撒砂石。在5km^{2}的区域内,疏浚船可以挖起1m深的海床砂石,不到1h就能填满8000t的压载舱。通过输送管,砂石以每秒10m的速度被喷出,仅需4min就能填满一个奥运标准的游泳池,这一过程被形象地称为“喷彩虹”。建岛团队夜以继日地工作以满足紧迫的工程进度要求,建造的岛屿也因此在不断形成,最终形成高出水面4m的沙洲。

2002年8月,经过一年的施工,建岛团队的施工进度超出了预期,建成8km的防波堤,8片棕榈叶形状的岛屿浮现在碧蓝的大海上。但整个施工过程并非一帆风顺。“喷彩虹”虽然是常见的填筑技术,但该工程的独特性在于缺乏标准的棕榈树形状模型和固定点进行定位,这使得施工变得极为复杂。为了确保精确性,工程团队必须采用尖端的卫星定位技术。通过接收来自太空和地面固定站点的信号,记录沙洲的高度和位置,从而指导疏浚船准确到达预定位置,进行精确的砂石喷撒。

自棕榈岛项目启动之初,环保人士便表达了对海洋生物和迪拜标志性的蔚蓝海洋可能遭受破坏的担忧。在施工过程中,环境问题确实不断出现,但工程师们通过不懈努力,逐一找到了解决方案。例如,在首批9片棕榈叶形状的岛屿建成后,工程师们发现海水并未如预期那样在超级建筑周围自由流动,潮汐也无法完全冲刷整个系统。若内部水道的流速不足以维持清水循环,水域可能变成污浊的死水。通过计算机模拟,工程师们迅速找到了解决方案:在环形防波堤上开设两个口,并用两座四车道的桥梁连接防波堤。这样,潮水每天两次进入系统,将清水推向棕榈岛周围,确保水道定期得到彻底更新。

海水侵蚀是工程师们自工程启动以来就需面对的另一个问题。所有沙滩都会持续受到海浪的冲击,而人工岛屿的情况尤为严重。若不加以干预,人工岛上的许多海滩可能在几年内就会消失。侵蚀问题不仅影响人工岛屿,同样也威胁到迪拜的天然沙滩,且影响范围更广。通常情况下,潮水会均匀地拍打沙滩,使其保持直线形状。然而,大型建筑的兴建改变了海浪的流向,导致天然海滩形状发生变化,某些地区出现砂石沉积,沙滩向海中延伸,而其他地区则遭受更严重的侵蚀。初步研究显示,迪拜的某些著名海滩可能以每年 5 ~ 10m 的速度被侵蚀。若无人工干预,许多度假村和公路可能不久将面临毁灭。为此,开发商专门购置了一艘疏浚船,负责平衡海滩砂石,定期从海岸积砂较多的地方抽取砂石,并将其倾卸到被侵蚀的区域,以恢复海岸线原貌。

1.2 国内海上人工岛建设

我国在人工岛建设领域尚处于初级阶段,积累的经验相对有限。然而,得益于我国在海岸工程、港口工程领域的技术与经验储备,加之可以借鉴国外人工岛建设的技术与经验,我国已经具备了建设大型人工岛的能力。

1.2.1 张巨河人工岛

早在 1992 年,我国就建成了用于油气开发的第一座人工岛——张巨河人工岛,该岛位于黄骅市岐口镇张巨河村东南海域,距离海岸 4.125km。这座人工岛为浅海石油勘探开发提供了重要的平台,其圆形岛壁采用钢筋混凝土结构,外径 63.6m,壁高 12m,壁厚 1.8m。继张巨河人工岛之后,我国在渤海的许多油气田开采中均采用了人工岛模式,这些油气开发用人工岛普遍规模较小,所处水域较浅。

1.2.2 澳门国际机场

澳门国际机场是我国首个在海面上填筑的人工岛飞行区项目(图 1.2-1)。该机场位于澳门氹仔岛侧,包括航站区和飞行跑道区。其中,飞行跑道区是通过填海形成的,包括跑道、平行滑行区、联络道、安全区道等,人工岛陆域面积达 $115 \times 10^4 m^2$。自投入运营以来,澳门国际机场迅速成为连接世界各地的重要枢纽,乘客吞吐量迅速接近设计的 600 万人次/年。为应对未来空中交通需求的增长,澳门特别行政区政府计划对机场进行扩建,包括连通两条滑行道,将机场航站楼区与跑道区连成一片;建设新的滑行道;延长跑道缓冲区等。在平面布置上,扩建计划采取顺岸填建方式,将原有的人工岛由离岸式布局改为连岸式布局。这种建设顺序的倒置似乎暗示了早期人工岛建设在长远规划方面的不足。为减少人工岛周边海洋流场的变化,计划在两座联络桥中间的扩建区采用透空的梁板结构覆盖。机场扩建后,乘客通过能力可提升至 2500 万人次/年。

图1.2-1 澳门国际机场人工岛

澳门国际机场人工岛的地基处理工程是一项复杂的工程,涉及多个步骤和大量的土方工程:

(1)海底淤泥清除。首先清除海底的淤泥,挖掘深度在16~32m之间。共清除了$2515\times10^4m^3$的泥沙。

(2)回填与护岸建设。挖出的淤泥被回吹至岸边的纳泥区。此外,修建7775m长的护岸,并吹填$3536\times10^4m^3$的土石方。

(3)深层排水与地基加固。安装$870\times10^4m^3$的深层塑料排水板,以及预制安装$25.39\times10^4m^3$的各型勾连块体,用于加强地基。

(4)振冲砂基与预压土方。进行$570\times10^4m^3$的振冲砂基处理,并使用$207\times10^4m^3$的土方进行堆载预压,以加固地基。

(5)混凝土道面施工。完成$31.5\times10^4m^3$的混凝土道面铺设。

人工岛所在位置的地质情况分为三层:上层为全新世滨海相沉积层,中层为更新世洪积层,下层为中生代燕山期风化花岗岩层。设计高水位为+3.2m,设计低水位为+0.72m。

护岸设计考虑了多种方案,最终选择了基槽大开挖清淤换砂的方案。东护岸基槽深度为-16~22m,南护岸为-20~-22m,西护岸的南段为-16~-24m,西护岸的北段和北护岸为-16m。基槽宽度分别为25m和30m。

抛石斜坡堤结构由堤心石、垫层块石、护面勾连块体、堤前抛石护底等组成。堤内填充混合倒滤层并铺设土工布,堤顶为混凝土胸墙,堤后为混凝土防冲板。这种结构方案适用于工程所在位置水深较浅和波浪不大的条件,同时附近的横琴岛有开山取石的便利条件。斜坡堤施工简便,能快速形成吹填围堰,且在施工期间具有较好的稳定性和抗风浪能力。

1.2.3 港珠澳大桥

港珠澳大桥是一项连接香港、广东珠海与澳门的大型桥隧工程,坐落于中国广东省珠江口伶仃洋海域,成为珠江三角洲地区环线高速公路南环段的关键一环。港珠澳大桥以其宏伟的建筑规模、空前的施工难度和卓越的建造技术，在世界范围内享有盛誉。

港珠澳大桥的建设对于促进区域经济一体化和人员往来具有重要意义。为了实现香港、珠海、澳门之间的顺畅通行，必须在大桥上设置相应的口岸设施，以便于对出入境的货物和过境旅客进行边防、海关检查以及检疫等必要程序。因此，澳门和珠海侧的珠澳口岸人工岛以及香港侧的香港口岸人工岛的建设是确保港珠澳大桥顺利通车的关键。珠澳口岸人工岛位于珠海和澳门之间，总面积约为 $217\times10^4m^2$，岛屿东西宽度为 950m，南北长度为 1930m（图 1.2-2）。该人工岛由珠海口岸管理区、澳门口岸管理区和大桥管理区三个部分组成，是港珠澳大桥主体工程与珠海、澳门两地的衔接中心，同时也是实现香港、珠海和澳门三地旅客或车辆通关的重要陆路口岸。在设计上，珠海口岸岛采用了以白色为主调的椭圆形整体设计结构，总建筑面积约为 $32\times10^4m^2$。而澳门口岸岛则采用了灰色为主调的长方形设计结构，总建筑面积约为 $60\times10^4m^2$。此外，香港口岸人工岛的填海造地面积为 $130\times10^4m^2$，位于香港机场东北面的水域。整个人工岛的面积约为 $150\times10^4m^2$，其中 $130\times10^4m^2$ 土地用于建设香港口岸，另外 $20\times10^4m^2$ 土地则用于屯门至赤鱲角连接路南面出入口。香港口岸人工岛的选址紧邻香港国际机场和东涌新市镇，地理位置优越，交通便利。

图 1.2-2　珠澳口岸人工岛

港珠澳大桥的建设对伶仃洋水域的阻水系数产生了显著影响，这一问题引起了社会各界的广泛关注。为了确保大桥建设对水域环境的影响控制在可接受范围内，有关主管部门明确要求将阻水系数控制在 10% 以内。工程的阻水横断面规模巨大，从珠海接线人工岛至桥头人工岛的东西向距离约为 240m。其中，珠海接线人工岛的东西长度为 1000m，岛体本身的东西长度也为 1000m，而桥头人工岛的东西长度仅为 40m。这意味着珠海接线人工岛的阻水横断面占据了整个工程阻水横断面的 41% 左右。珠海接线人工岛向西北方向延伸，其形状类似于一道横跨在澳门黑沙环公园和口岸人工岛之间的拦水大坝。这种布局将导致潮流在此处形成“S”形弯道，从而影响潮流的涨落。此外，澳门特别行政区政府计划在黑沙环公园对开海域进行大规模的围海造地工程。一旦该陆域形成，澳门黑沙环公园的新岸线将与口岸人工岛的西护岸以及珠海接线人工岛的南护岸共同构成一条长约 2500m、宽度仅约 150m 的反 L 形“河道”。这条“河道”的北侧由人工岛和大陆相互咬合,其阻水效应将显著增强。这将导致潮流动力进一步减弱,水体交换变得困难,从而不可避免地引发严重的淤积现象。因此,在大桥建设和后续运营过程中,必须采取有效措施,减轻对水域环境的负面影响,确保伶仃洋水域的生态平衡和航运安全。

在港珠澳大桥工程的工程可行性研究(简称工可)总平面设计(图 1.2-3)中,一个关键问题是如何合理布局珠海接线人工岛与澳门黑沙环公园,以避免封闭珠澳口岸人工岛与澳门之间的水体通道,从而减少珠澳口岸人工岛的阻水效应。为了解决这一问题,设计团队提出了一种平面优化的策略。优化的主要思路是利用澳门黑沙环公园陆域东侧的突出地形地貌特征,将珠海侧接线人工岛与珠澳口岸岛主体分离,并使其“躲藏”于澳门黑沙环公园陆域北侧,以便隧道穿出。在珠海侧接线人工岛与珠澳口岸主岛之间,采用架空桥梁进行连接,以减小整体的阻水率。具体调整措施如下:在保持珠海连接线的总体设计线路和平面布局不变的前提下,将隧道出口专用半岛紧贴珠海拱北陆域进行布置。该半岛的外伸长度基本与澳门黑沙环公园现有的最东侧海岸线保持一致。然后,通过建设架空式跨海桥梁,实现珠海侧接线与口岸人工岛的衔接。优化后的平面方案(图 1.2-4)具有多方面的好处。它将阻水横断面的长度降低约 900m,占总阻水横断面长度的 37%,有效改善了局部潮流的动力条件。优化方案还降低了人工岛的建设投资和施工难度,有助于保证施工工期的顺利完成。

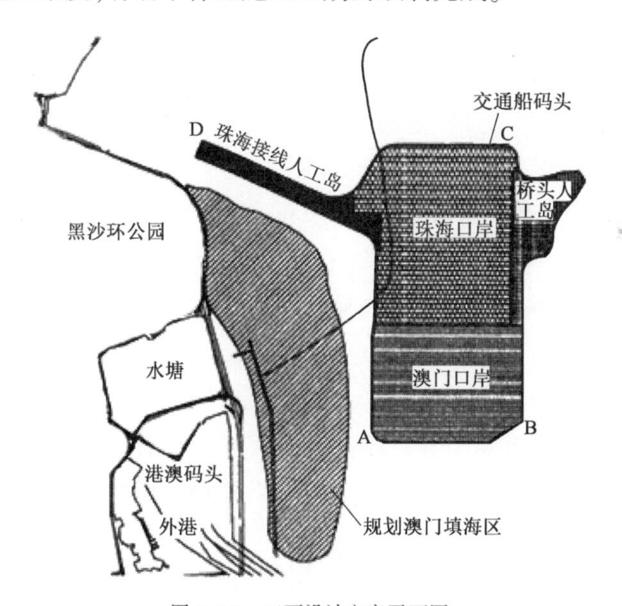

图 1.2-3 工可设计方案平面图

珠澳口岸人工岛的护岸结构根据其方位特点,可以划分为东、南、西、北四个区段。其中,东、南护岸直接面向外海,属于无掩护的外海施工工程。由于后续陆域形成过程中需要这些区域提供波浪掩护条件,因此它们是整个项目实施的关键部位。相比之下,西、北护岸面向陆地,享有较好的掩护条件,且邻近珠海和澳门特别行政区的中心城区。在确保安全可靠的基础上,西、北护岸的设计原则是选用经济环保、施工快速灵活、能够营造优美景观的方案。

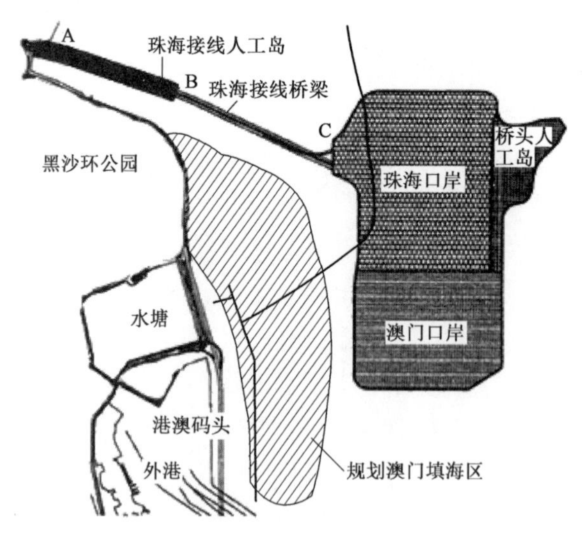

图 1.2-4　优化平面示意图

在综合考虑工程所在地的自然条件(如波浪、台风等)以及满足景观设计要求的基础上,东、南护岸采用了大开挖抛石斜坡堤结合护面块体的设计方案。在地基处理过程中,采用了大开挖换填的方式,即在基槽底部抛设 2m 厚的块石,以挤除回淤的浮泥,防止软弱夹层的存在,从而确保整体结构的稳定性和安全性。对于西、北护岸,则采用了真空联合堆载预压处理地基后的半直立式堤方案,这种方案避免了大量基槽挖泥和换填工程,具有经济环保的优点。同时,采用真空联合堆载预压处理地基的方法,显著提高了施工质量的可控性,为护岸上部结构的建设提供了安全可靠的基础。

在工程工可设计阶段,地面高程设定为 +5.0m(基于 1985 国家高程基准),挡浪墙顶高程为 +7.5m。这导致地面与挡浪墙顶之间存在 2.5m 的高差,可能会给过境旅客带来“坐井观天”的不适感。为了解决这一问题,设计团队通过对水文条件的深入研究和越浪量标准的合理界定,结合物理模型试验,适当降低了挡浪墙顶的高程。这一优化措施使得人工岛地面与挡浪墙之间的高差缩小到人体正常身高范围,为旅客提供了“一望千里、海天一色”的景观感受,成为该工程景观设计的创新方向之一。在试验过程中,东、南护岸和北护岸挡浪墙顶的高程通过不断优化岸壁结构得以确定。东、南护岸挡浪墙顶的高程定为 6.65m,而北护岸挡浪墙顶的高程定为 6.5m。这些岸壁结构下的波浪物理模型试验结果均满足越浪量标准的要求。珠澳口岸人工岛填海工程的交工高程为 +4.8m,陆域高程为 +5.3m。东、南护岸挡浪墙顶的高程与竣工后的人工岛地面高差仅为 1.35m,这在很大程度上提升了过境旅客的视觉舒适感受。

珠澳口岸人工岛作为港珠澳大桥的关键组成部分,其地理位置紧邻珠海和澳门的主城区,因而其填海工程方案自项目启动之初便备受瞩目。在工程的初步设计阶段,设计团队在总平面布局、岸壁结构设计、陆域形成及软基处理以及景观设计等多个关键技术领域进行了深入研究和创新,力图突破传统设计理念的局限。设计团队提出的填海工程方案经过业主单位、评审专家以及政府相关主管部门的严格评审,最终赢得了一致好评。该方案不仅成功应用于工程施工之中,为港珠澳大桥的整体建设贡献了一份卓越的设计成果,而且标志着我国在人工岛建设技术领域取得了新的进展。在总平面布局方面,设计团队充分考虑了人工岛与周边环境的协调性,以及未来交通、经济和社会发展的需求,力求实现功能与美观的和谐统一。在岸壁结构设计上,采用了先进的工程技术,确保了人工岛的稳定性和耐久性。在陆域形成及软基处理环节,通过科学的计算和严格的施工管理,有效解决了地基承载力和沉降问题。在景观设计方面,设计团队巧妙地融合了自然生态与人工造景,创造出既美观又环保的海岛环境。珠澳口岸人工岛的成功建设,不仅为港珠澳大桥的顺利通车提供了坚实基础,也为我国未来人工岛项目的规划和设计提供了宝贵的经验和参考。

1.3 离岸人工岛建设技术

1.3.1 关键技术难题

1)确立建设准则

在进行人工岛的构建时,需要综合考虑其预期寿命、防波防潮能力、沉降程度以及抗震性能等多方面的准则。这些准则的设定需依据人工岛的预期功能、使用需求以及岛上设施的重要程度进行细致的评估。目前,尚无一套公认的、统一的准则专门针对人工岛建设。相较于传统的海岸工程,人工岛建设有其独特的要求。由于建设准则是工程实施的基础,并且对项目方案和投资有直接影响,因此,确定建设准则成为人工岛建设首要解决的关键问题。

2)选址考量

人工岛的位置选择与其预定功能紧密关联。例如,海上油气开发、跨海交通和海上机场等项目,其选址通常受限于主要功能的需求,并依据资源分布、交通规划和空域限制等因素来确定。对于那些没有严格限制条件的人工岛,选址时需要考虑城市规划、地质特征、波浪状况、材料来源及施工条件等因素,并通过技术经济分析来综合决策。

3)基础数据的收集

与典型的海岸工程相比,人工岛建设所需的基础数据收集工作更为艰巨。外海区域通常缺乏现成的数据,因此需要开展大量的现场观测和研究。同时,鉴于人工岛的高标准建设要求,对数据的精确性和质量要求也更为严格。鉴于人工岛建设涉及的影响因素复杂多样,通常需要进行大量的专题研究来确保获取准确和全面的基础数据。

4)设计形态

在设计人工岛的形态时,首先需要确保满足功能需求。此外,还需考虑波浪防护、冲淤变化、岸滩影响、环境生态效应以及工程造价等因素。设计时应注重土地资源的有效利用,并充分评估人工岛及其对周围环境的潜在影响。

5)陆地形成与地基处理

人工岛的陆地构建需要大量的填充材料。理想情况下,应采用就近取砂吹填的方式形成岛屿,但这种情况并不常见。多数情况下,需要结合陆上材料运输和吹填作业来构建陆地。陆地构建与地基处理是相互关联的,人工岛的地基处理方案通常较为复杂,这不仅是因为海域地质条件的特殊性,还因为填筑材料可能不理想。根据具体的使用需求,通常需要对陆地构建和地基处理进行专门的研究。

6)防护结构

人工岛周围的防护结构与常见的海岸和港口工程在结构上没有显著差异。原则上,适用于码头或防波堤的结构形式均可用于人工岛的岛壁。然而,人工岛由于更易受到风、浪、水流等自然因素的影响,因此,其结构需要具备更好的整体性、更高的预制装配水平以及更少的水下作业量。鉴于人工岛所处的自然条件更为复杂,其结构形式也更为多样化,施工的可行性和便利性在选择结构方案时成为重要的考量因素。

7)生态与环境保护

与沿海填海相比,人工岛对生态和环境的影响相对较小,但仍需重视。在设计平面形态、选择填筑方式时,应充分考虑生态环保的要求,并尽可能采用对生态环境影响较小的技术和方案。

8)检测与监管

鉴于人工岛处于复杂的海洋环境中,无论是在建设还是使用过程中,都必须实施监管检测,对结构强度、稳定性等关键指标进行复核检测,以确保建设质量和正常运行。人工岛的监测工作应该是持续的,这不仅为了安全运营,也为技术积累和研究提供了宝贵数据。

1.3.2 人工岛建设原则

国家海洋局《关于加强海上人工岛建设用海管理的意见》(国海管字〔2007〕91 号)指出,要严格控制人工岛建设的数量和密度。建设人工岛尤其连陆人工岛,会改变周边海域的水动力环境,从而导致海洋生物、海水交换和海底地形地貌等发生改变。一定海域内建设过多过密的人工岛,甚至会对海洋生态环境造成灾难性后果。为此,建设人工岛应当加强规划设计,科学合理地布局,相邻人工岛之间要保持足够的距离,密度不能过大,要确保相邻人工岛对环境的影响不会产生叠加效应。从严限制人工岛建设的用海范围和位置。军事用海区、海洋自然保护区、排洪泄洪区、航道、锚地和船舶定线制海区、生态脆弱区和重要海洋生物的产卵场、索饵场、越冬场及栖息地等海域禁止建设人工岛。建设海洋油气勘探开采作业所使用的人工岛的用海范围原则上控制在海图水深 3m 以浅海域。

加强人工岛建设的用海管理,是规范用海秩序、保护海洋环境的重要举措,要在不断强化管理的同时,进一步总结经验,使人工岛建设用海管理工作更加规范和完善。根据国家政策,人工岛的建设可遵循如下原则。

1)可持续发展原则

可持续发展是指在保护环境的条件下既满足当代人的需求,又不损害后人发展的需求。

资源和生态系统的可持续利用对社会的可持续发展具有重要意义。人工岛建设是一种破坏生态环境的行为,会影响环境的平衡,不利于可持续发展,但由于经济的快速发展和用地资源的紧张,人工岛建设同样是必不可少的。因此,在进行人工岛平面布置时,应减小对海洋生态环境的影响,减少对海洋资源的破坏,进行合理的生态布局。

2)集中集约用海原则

集中集约用海是从社会自然经济条件出发,根据海域布局规划新模式,对较为适宜的地方实行集中连片适度规模建设,节约合理高效利用海洋和海岸资源,形成优势特色产业区,进而实现较大的经济效益。在统筹规划和部署下,对同一海域内的多个人工岛建设项目进行集中开发,使得人工岛建设形成一个整体,改变以往单一用海方式,使得用海更加科学、合理。集中平面布局,使得人工岛能够改变传统的分散用海方式,形成合适的开发规模。选择合理的结构形式,提高海域的利用效率,尽量增加人工岛岸线长度,实现社会、经济、生态的和谐发展。

3)因地制宜原则

人工岛平面布置与功能定位有着密切的关系,应根据自身地域的优势特点选择合理的功能定位。用途不同的人工岛所采用的土地利用布局差异性较大,因此,应密切结合实际功能的设计需要,充分发挥填海造地的海域优势,增强填海造地的建设功能,以减小海域使用面积。人工岛功能定位应与岸线陆域发展规划相联系,海陆统筹,形成一个有机的整体,使得人工岛建设成为地区发展中的重要组成部分。

1.3.3 选址与平面布置

影响人工岛平面布置的因素较多,有海洋气候、水动力条件、海洋资源、地质条件、功能区划、岸线资源、建设成本、经济效益等方面。在进行人工岛设计时,应当遵循可持续发展、集中集约用海、因地制宜原则。综合考虑以上方面,提出人工岛选址及平面布置基本原则,具体内容为:

(1)人工岛选址应符合海洋功能区划,适合当地的总体布局发展规划,遵守国家及地方的相关建设法律法规。

(2)人工岛选址需要优越的区位条件、良好的发展环境、便捷的交通条件、较好的外部协作条件,建筑材料供应充足,具备优良的施工条件,减小对周边其他活动的影响。

(3)选取的人工岛建设海域无不良地质现象,避开海洋灾害多发区,选择适宜的水文气象条件,遵循可持续发展原则,避免侵占海洋生态敏感区,从而最大限度地减小对海洋资源的影响。

(4)平面布置应与功能定位相一致,选取的人工岛形状轮廓应充分考虑对海域的潮流、波浪、泥沙等方面的影响。

(5)平面布置遵循集中集约用海、因地制宜原则,延长人工岸线的长度,海陆统筹,形成优势特色产业区,增强人工岛的建设职能,追求社会、经济、环境的综合效益。

从人工岛功能出发,人工岛都有特定的功能,其选址往往受到使用需求的制约,但综合考虑，地质、自然条件等仍是选址的重要因素。在我国已建和在建的人工岛项目中，主要包括海上油气人工岛、海上机场、海上港口、跨海通道、城市人工岛等。海上油气人工岛主要受资源储存位置的影响，海上机场人工岛主要受空中航路、周边限制条件影响，海上港口人工岛（如江苏沿海辐射沙洲上的洋口港西太阳沙人工岛）主要考虑航道稳定、淤积冲刷等条件，跨海通道桥隧转换人工岛则主要根据整个通道的布置确定，用于城市开发的人工岛则主要考虑其城市功能、景观和环境。上述各种类型的人工岛虽然都受到各自使用功能方面的限制，但其选址并不是不可变化的，人工岛的建设条件也是整个项目方案比选的一个重要因素，人工岛位置的波浪条件、地质条件、料源情况等会对人工岛的投资产生重大影响，地下断裂带等因素甚至可能影响项目的选址。上述因素在人工岛选址中均应加以重视。

人工岛的平面形态首先取决于其功能。一般来讲，作为海上城市的人工岛更关注平面形态的景观效果，如迪拜的棕榈岛和世界岛、巴林安瓦吉岛等；作为工业和交通设施的人工岛则更关注功能需求，如关西国际机场人工岛、澳门国际机场人工岛等。虽然需求和关注点不同，但人工岛在平面形态方面还是有一些共性的规律。一般来讲，在满足功能需求的前提下，人工岛平面形态需考虑如下因素：尽量有效利用土地，岛的护岸长度应尽可能短，尽量采用外凸流线型布置，以平顺水流，避免浪流的集中。较好满足上述要求的平面形态包括准矩形（常见于机场、港口、工业等用途的人工岛）、圆形或椭圆形、正多边形（常用于海上油气人工岛、海上城市等）、不规则流线型（常用于海上城市）等。为追求整体景观效果，有些海上人工岛采用不规则的复杂形态，如迪拜世界岛，由多个小岛组成世界地图形态的群岛，但其每个独立小岛的平面形态也是以圆形为主的，另外这种人工岛的建造方式代价大、资源消耗多，并不值得效仿和鼓励。人工岛的建设造价一般比较昂贵，总体布置非常重要。一般来讲，在满足功能需求的前提下，人工岛功能分区应清晰，设施布置应力求紧凑，减少无用土地。总体布置还应特别注意人工岛的对外高效衔接，包括码头、公路桥梁、轨道交通等，以获得合理的总体方案。

1.3.4 陆域形成及地基处理

陆域形成和地基处理是人工岛工程中两项重要内容，在大型人工岛投资中占比较大，应特别加以重视。

导致地基发生沉降的最主要原因是持力层上部的荷载，主要来自土体，少量来自地面建筑，有时与地下水也有密切的关系。当人工岛地下水位降低时，土体的浮力将随之减小，相当于承受的荷载增加。此外，作用于人工岛的动荷载也可能会对地基沉降产生影响，如浮力变化，随着海洋潮汐的起伏，浮力作用也在有规律地增减。日复一日地潮涨潮落，人工岛实际上承受的是循环荷载。这些对人工岛地基沉降会产生多大影响，我们不得而知。在土体瞬时变形、固结变形和次固结变形（蠕变）的各个发展阶段，这些循环荷载影响程度如何，是否会引发其他连带问题，还有待观察。

挖出跑道下部的淤泥再置换成砂石是改造软基最为直接可靠的办法，但这一工艺特点除了工程造价比较高外，最主要的问题是要为弃土找到纳泥区，泥浆排放时海洋环境会被严重污染。另外,对吹填而成的超软土必须进行专门的处理才能使用。目前,我国工程界在软基处理上已形成了多种方法,如堆载预压法、真空预压法、真空联合堆载预压法、直排式真空预压法、浅表层地基处理法、换填法、复合地基等。归纳起来,要么是换走挖填,要么是土体排水固结、软土就地硬化。上述各种方法各有长短,需酌情选用。需要指出的是,尽管我国在软基处理方面已有较多实践,但海域与陆域不同,海相沉积与陆相沉积存在根本差异。由土层成因可知,海相软土是经千百万年海洋动力的往复涤荡,使土颗粒筛分、沉积,形成了含水率较大、强度较低的深厚软土层。在这样的深厚软土层之上建筑体积庞大、重如"泰山"的人工岛,不是对陆地软基处理方法的简单模仿就能解决的。

对于海上大型人工岛,陆域形成填料来源是十分重要的因素,最理想的情况是拟建人工岛附近有充足的海砂可供吹填造陆,或者人工岛临近的陆地有大量可供回填的土石方。上述理想状况不具备时,则需要认真研究填料来源。

陆域吹填法(又称吹填造陆法)是大规模填海造陆地效率最高的方法之一,这一方法的优势在我国南海诸岛短时间完成填海建设的实践中得到了充分的体现。这一填海方法的出现,使得过去难度较大的海上施工变得简单,不仅工期由过去的数年减少到几个月,而且单位造价也大大降低。但是,这一方法最大的问题是环境污染。据调查,机械式挖泥船作业时形成的羽状浑浊带达 200 ~ 300m。有的吹填作业引起的水质污染可绵延半个海湾,后果不可小觑。尽管如此,在环境保护方面,施工时还是可以采取一些有效的应对办法,如采用抓斗挖泥船,其悬浮物浓度可减少 30% ~ 50%;为了减缓吹填区内吹入泥浆的流速,加快砂土沉淀,采取在吹填区内设置多道子坎,将整个吹填区域分为多个沉淀分区。第一吹填区泥浆沉淀后,泥浆从泄水口流入第二吹填区继续沉降,当到达第三吹填区时,泥浆浓度已经很小。此外,在吹填区泄水口外围再敷设一圈一定长度的防污帘,将水中泥沙过滤后再排入海中。在特殊情况下,还可采用絮凝化方法处理,以加快泥浆沉淀。

陆域形成和地基处理密不可分,陆域形成方案大致决定了地基处理方式,地基处理的代价对陆域形成方案的选取也有直接的影响。具体的地基处理方案和常规的地基处理没有太大差异,但需要处理好地基处理效果、造价和工期的关系,取得综合最优的效果。

人工岛建设中涉及的关键技术问题还包括生态与环保技术、监测与监控技术等。人工岛设计中应特别重视生态与环保问题,在平面布置、陆域形成方案中尽量考虑减少对生态环境的影响,在结构设计中适当考虑景观护岸、生态护岸,尽量使人工岛建设与周边环境和谐相处。在人工岛的建设和使用过程中,需进行大量的监测和监控工作,以保证人工岛建设质量,以及为后续使用和维护提供依据。

1.3.5 区域水动力及冲淤

人工岛的建设会引起附近海域潮流方向和流速的改变,因此,研究离岸人工岛分阶段建设对海洋动力条件、地形地貌和水体交换等的影响具有十分重要的工程意义,可为优化大规模人工岛群工程的分期建设实施方案提供科学依据。当一般工程项目取得设计参数后,人工岛的初步设计和最终设计便开始成形，这时将进行水工模型试验，以便验证初步设计方案，并研究那些用解析技术不能处理的问题。

以大连机场离岸人工岛为例：在机场选址的最初阶段，最大的困惑是采用沿岸建设还是离岸建设，焦点是工程造价、施工工期和技术难度。离岸建设人工岛水深增大，水上施工量增加，其造价可能是沿岸机场造价的数倍，而且辅助建设用地大大减少，因此，在对海上施工缺少深入了解的情况下，对建设离岸式人工岛存在较多顾虑。通过构建水动力数学模型进行计算机仿真模拟，对连岸、离岸两个方案在区域海洋水动力改变、海床冲淤影响及施工水质污染等各个方面进行了分析比较，这项重要工作为设计者们解开了困惑。

模拟结果表明，在潮流场变化方面，离岸式人工岛方案总体上对周边海域流场形态影响较小，工程建设前后海域流动特征变化不大；而连岸式人工岛方案由于与人工岛陆域直接相连，改变了湾底水流的方向而使周边海域流场形态完全改变。在海床冲淤变化方面，离岸式人工岛建成后，在正常天气下冲淤幅度大于0.05m的影响范围约为10km×9km，而连岸式的影响范围约为11km×10km，且在局部地区连岸式方案冲淤幅度值均大于离岸式方案。在施工期水质污染方面，离岸式人工岛方案施工造成的悬浮污染物扩散范围为4.489km^2，其中超三类水质污染面积约为2%，超四类水质污染面积约占1%；相同计算条件下连岸式人工岛方案施工造成的悬浮污染物扩散范围为5.486km^2，其中超三类水质污染面积约为3%，超四类水质污染面积约占2%。大连机场人工岛建设方案对区域海洋潮流场及海床的影响程度对比计算表明，离岸式人工岛的建设方案全方位优于连岸式人工岛方案，且大连海上机场离岸式人工岛的建设对区域潮汐水流和海床冲淤的不利影响处于可接受的范围内，模型分析结果和结论成为大连海上机场选址论证和用海规划的重要成果和决策依据之一。

人工岛是在近岸浅海水域人工建造的一种具有多功能的近海工程结构物，其建设将产生新的人工岸线并改变海底地形，可能导致周边海区水沙动力环境和海床冲淤发生显著变化，进而对自身的稳定性造成一定影响。因此，人工岛建设过程中除要考虑结构设计、施工等问题外，还必须充分评估与分析工程对周围海区造成的各种影响，这对于减小人工岛建设后可能造成的海洋环境破坏具有积极的意义。

2 区域环境条件

2.1 地理位置

蓬莱市地处山东半岛东北端,属山东省烟台市,东接烟台开发区、福山区,南邻栖霞县,西连龙口市,北濒黄海、渤海,与长岛县隔海相望。地理坐标为东经120°35′~121°09′、北纬37°25′~37°50′。全市总面积1128.60km²。距烟台市中心区70km。

蓬莱市海岸线西起北沟镇的后营村与龙口的小李村之间的海滨公路路口,东至潮水镇衙前村的平畅河入海口,全长60km。蓬莱离岸人工岛工程用海岸线西起上朱潘西北(紧靠在建的蓬莱京鲁船业厂区),东至西庄村(与蓬莱渔港相接),海岸线长6.7km。工程区域距206国道约11km、213省道约6km、211省道13km、威乌高速公路16km。海滨西路自北向南穿过整个规划区域,与城市中心干道相连接。

20世纪80年代中期以来,由于登州浅滩海砂开采、海洋自然环境动力和大风浪等综合因素的作用,蓬莱西海岸长期处于快速侵蚀后退的状态,部分土地消失,沿岸公路、房屋等设施损毁。目前蓬莱西海岸岸段尚未开展有效的海岸防护工作,只有少量人工养殖池的抛石护岸、业主自行修筑的挡浪墙以及栾家口港等港区的防波堤外侧护岸,并且以上均为简易护岸工程,未正式列入当地政府防灾减灾计划,一旦遭遇强风浪侵蚀,极易发生冲毁垮塌。因此,对该段海岸进行整治与修复、保护土地及沿岸设施、防止海洋灾害已成为亟须解决的问题。

为修复和再造蓬莱西海岸,保护现有海岸设施,保护居民的生命财产安全,改善该地区的生态环境,蓬莱市人民政府根据城市总体规划和发展的需要,拟在该海域打造蓬莱西海岸海洋文化旅游产业聚集区,在实现防治海岸侵蚀的同时,完善蓬莱市城市发展,提升蓬莱市的形象。

2.2 气象条件

根据蓬莱气象站1999—2008年的实测资料统计分析本区气象状况。蓬莱气象站位于蓬莱市城南诸谷大李家村西南,风速感应器距地面高度 11.8m,观测场海拔高度 60.7m,气压感应器海拔高度 61.8m。

2.2.1 气温

蓬莱市属北温带东亚季风区大陆性气候,半湿润地区,大陆度为 54.6%。气温适中,变化平稳,温度年振幅和昼夜温差都比较小。

年平均气温 13.0℃,平均最高气温 17.2℃,年平均最低气温 9.3℃;历年极端最高气温 37.7℃(出现于 2005 年 6 月 24 日),历年极端最低气温 -13.5℃(出现于 2006 年 2 月 4 日)。

2.2.2 降水

根据最近 10 年资料统计分析,本区年平均降水量 586.7mm。主要降水月为 6—8 月,其中 6 月、7 月的降水量约占全年降水量的 45.7%。不小于 10mm 降水日数年平均 16.5 天,不小于 25mm 降水日数年平均 6.6 天。

2.2.3 雾

本区年平均雾日数 21.7 天,一般 6—8 月雾日较多,约占全年的 47.7%。

2.2.4 雷暴

根据多年统计资料,烟台市年平均雷暴日为 21.44 天,主要集中在 6—8 月,占全年的 68.5%。

2.2.5 相对湿度

年平均相对湿度 65%。春冬两季较干燥,相对湿度 60%;夏季较潮湿,相对湿度保持在 80% 以上。

2.2.6 海区风况

海区风况依据蓬莱海洋站 2006—2010 年的风速、风向资料统计,并以该海洋站 1960—1992 年的资料做参考。

2006—2010 年,本区多年平均风速为 3.85m/s,常风向为 S 向,频率为 14.7%,次常风向为 NNE、N 向,频率为 10.74% 和 7.94%。强风向为 NNW 向,最大风速为 20.7m/s,次强风向为 N 向,最大风速为 18.6m/s。1960—1992 年,出现最大风速为 28.0m/s,方向为 N 和 NW 向,瞬时极大风速为 40.0m/s(1963 年 6 月 5 日)。各向风特征值见表 2.2-1,风玫瑰图见图 2.2-1。

蓬莱海洋站各向风特征值统计表(2006—2010 年)　　表 2.2-1

风向	频率(%)	平均风速(m/s)	最大风速(m/s)
N	7.94	5.61	18.60
NNE	10.74	4.35	13.90
NE	5.94	2.43	7.20
ENE	3.40	2.07	7.40
E	3.36	1.95	6.10
ESE	3.97	1.77	4.70
SE	7.16	2.07	7.80
SSE	5.01	2.37	9.20
S	14.70	4.93	13.00
SSW	3.78	4.21	11.30
SW	4.00	4.18	9.90
WSW	7.50	4.13	11.90
W	6.58	3.93	13.10
WNW	4.53	4.34	13.60
NW	4.95	5.21	14.90
NNW	4.75	5.00	20.70
C	1.71		

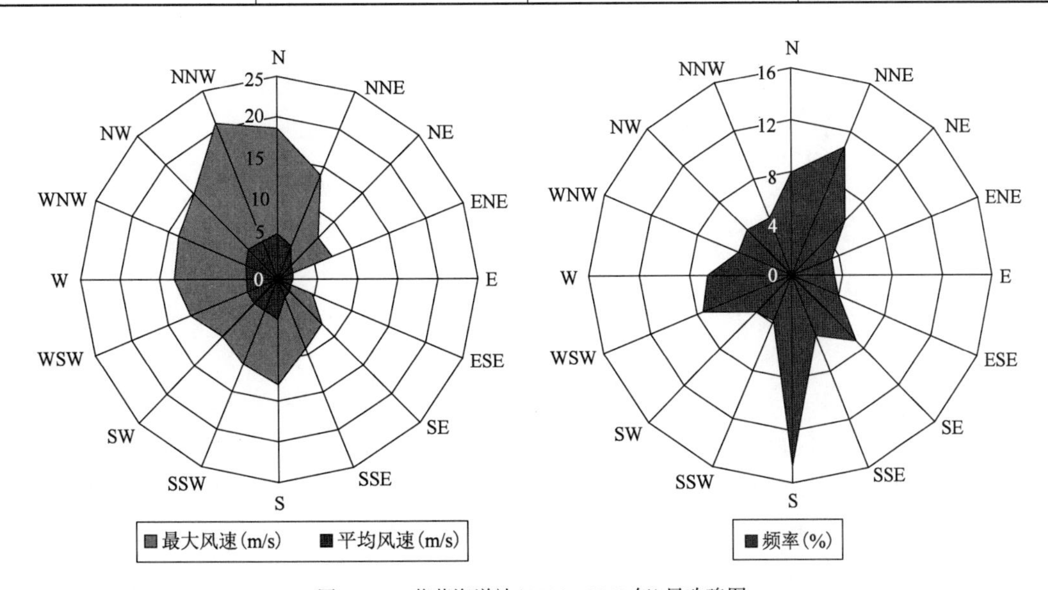

图 2.2-1　蓬莱海洋站(2006—2010 年)风玫瑰图

2006—2010 年蓬莱海洋站累年各向各级风频率见表 2.2-2。由表可见,该海区 6 级以上大风出现频率为 1.9%,最多为 N 向,其次为 NW、NNE、NNW 向,分别为 0.38%、0.32% 和 0.29%,其他方向大风出现频率较低,该海区的大风相对集中于 NNE-NW 向。从 2006—2010

年蓬莱海洋站6级以上大风(含6级)各月出现的频率来看,该海域大风主要出现在每年的10月至次年的4月,合计为94%,其余时间大风出现较少。该时段内,共记录了10次8级以上大风,平均每年2次,主要集中于NNW和N向,发生时间都为每年的3月。

蓬莱海洋站(2006—2010年)累年各向各级风频率 表2.2-2

风向	0~3级		4~5级		6~7级		≥8级		合计	
	次数	频率(%)	次数	频率(%)	次数	频率(%)	次数	频率(%)	次数	频率(%)
N	1709	4.14	1287	3.12	281	0.68	2	0.00	3279	7.94
NNE	3179	7.70	1122	2.72	131	0.32	0	0.00	4432	10.74
NE	2436	5.90	17	0.04	0	0.00	0	0.00	2453	5.94
ENE	1392	3.37	10	0.02	0	0.00	0	0.00	1402	3.40
E	1382	3.35	3	0.01	0	0.00	0	0.00	1385	3.36
ESE	1640	3.97	0	0.00	0	0.00	0	0.00	1640	3.97
SE	2933	7.11	21	0.05	0	0.00	0	0.00	2954	7.16
SSE	2005	4.86	64	0.16	0	0.00	0	0.00	2069	5.01
S	3733	9.04	2308	5.59	26	0.06	0	0.00	6067	14.70
SSW	1119	2.71	438	1.06	2	0.00	0	0.00	1559	3.78
SW	1176	2.85	474	1.15	0	0.00	0	0.00	1650	4.00
WSW	2375	5.75	716	1.73	4	0.01	0	0.00	3095	7.50
W	2086	5.05	607	1.47	22	0.05	0	0.00	2715	6.58
WNW	1265	3.06	559	1.35	47	0.11	0	0.00	1871	4.53
NW	1194	2.89	692	1.68	157	0.38	0	0.00	2043	4.95
NNW	1186	2.87	651	1.58	115	0.29	8	0.00	1960	4.75
C	705	1.71	0	0.00	0	0.00	0	0.00	705	1.71
合计	31515	76.35	8969	21.73	785	1.90	10	0.01	41279	100

2.2.7 台风

蓬莱市地处山东半岛北侧中部,沿东海和黄海向西北北方向移动的台风对本海域产生较大影响。根据多年资料统计,影响烟台蓬莱附近海域的台风每年1~2次,一般出现在7—9月。台风来临时引起狂风暴雨、大浪和增水。

2.2.8 寒潮

海潮大风主要在北部海区引起起降温和增水。每年11月至次年3月为寒潮多发季节,平均每年3.2次。受寒潮影响一般降温8~10℃,沿海出现偏北向大风,风力可达9~10级,偏北向大浪2~3m,持续时间可达3~4天。

2.3 潮汐

2.3.1 潮位基准面

潮位基准面为当地理论最低潮面,其在 1985 国家高程基准面下 0.914m,以当地理论最低潮面起算,当地平均海平面为 0.95m。图 2.3-1 给出了各基面的关系。

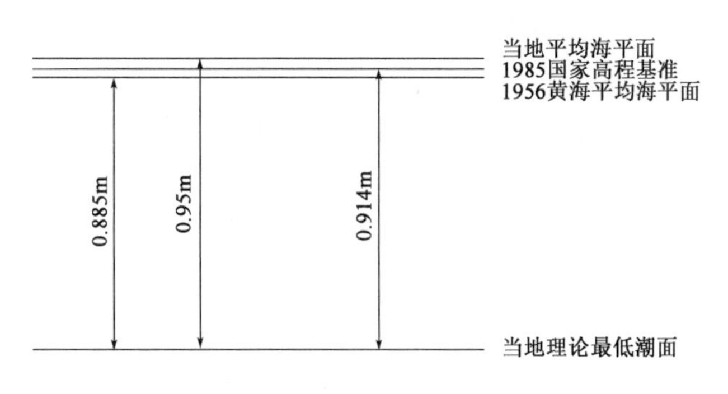

图 2.3-1 基准面关系

2.3.2 潮汐特征值

由于缺少长期实测验潮资料,工程区附近潮汐特征值依据有关单位 1987 年在蓬莱湾子(距西庄村约 10km)的验潮数据分析结果(表 2.3-1),并以 2011 年 7 月 4 日至 2011 年 7 月 13 日在庙岛海峡布置的 3 个潮位观测站进行的连续 10 天的短期潮位观测数据(表 2.3-2)作为参考。

1987 年蓬莱湾子潮汐特征值(m) 表 2.3-1

名称	特征值	名称	特征值
最高高潮位	2.14	最低低潮位	-1.17
平均高潮位	1.44	平均低潮位	0.38
平均海平面	0.92	平均潮差	1.06

各验潮站潮位特征值统计表 表 2.3-2

潮位特征值	验潮站		
	H1 南长山岛	H2 北长山岛	H3 栾家口
最高潮位(m)	1.81	1.76	1.75
最低潮位(m)	0.19	0.23	0.29
平均高潮位(m)	1.54	1.53	1.44
平均低潮位(m)	0.48	0.49	0.56
10 日平均海平面(m)	1.02	1.02	1.01

续上表

潮位特征值	验潮站		
	H1 南长山岛	H2 北长山岛	H3 栾家口
最大潮差(m)	1.52	1.43	1.35
最小潮差(m)	0.67	0.68	0.41
平均潮差(m)	1.06	1.02	0.87
平均涨潮历时(h:min)	5:56	6:01	5:55
平均落潮历时(h:min)	6:33	6:28	6:34
统计时间	2011-07-04 00:00 至 2011-07-13 23:00		

从短期验潮站的实测资料分析,施测海域的潮汐属不正规半日潮。全潮测验期间,大、小潮平均潮差 1.01m,潮汐强度较弱。

2.3.3 实测潮汐特点

根据 2011 年 7 月连续 10 天的短期观测资料,该海域潮汐有如下特点:

(1)该海域潮汐为不正规半日潮性质,日潮不等现象明显。海域潮差较小,H1 南长山岛站平均潮差最大,为 1.06m;H2 北长山岛次之,为 1.02m;工程区附近 H3 栾家口站最小,为 0.87m。

(2)高、低潮发生时间,H1 南长山岛站与 H3 栾家口站基本一致,H2 北长山岛站比 H3 栾家口站略有延迟,高、低潮平均延迟时间别为 16min、5min。

(3)平均高潮位,H1 南长山岛站与 H2 北长山岛站差距很小,分别为 1.54m、1.53m,高于 H3 栾家口站的 1.44m。平均低潮位,H1 南长山岛站与 H2 北长山岛站差距亦很小,分别为 0.48m、0.49m,低于 H3 栾家口站的 0.56m。

2.4 潮流

根据 2011 年 7 月 5 日至 7 月 6 日(大潮)及 2011 年 7 月 9 日至 7 月 10 日(小潮)的水文泥沙观测,进行该海域的潮流特性的分析如下。

2.4.1 潮流性质

潮流性质以主要的全日分潮流与主要半日分潮流的椭圆长半轴比值 F 来判据。各测站垂线平均的 F 值,除 U6 测站外,其余测站的 F 值均在 0.79 ~ 1.12 之间,平均为 0.95,表明施测海域潮流类型属于不规则半日潮流性质。

2.4.2 潮流历时

各站点的涨、落潮流平均历时随潮型不同有所差异。位于黄海的 U1、U2 测站大潮涨潮历时略长于落潮,小潮涨潮历时与落潮历时接近;位于庙岛海峡的 U3 测站由于受西侧南长山岛凸嘴的阻挡,其东向涨潮历时明显短于落潮历时,U4、U6 测站涨潮历时明显长于落潮历时,位于庙岛海峡中部的U5测站，其大小潮的涨潮段平均历时要稍短于落潮段平均历时；位于渤海海区的U7、U8测站，其涨潮历时要明显长于落潮历时，U9测站由于受东部岛屿的阻挡，其涨潮历时要稍比同海区的U7、U8测站要短，其大小潮的涨、落潮平均历时相差不大，涨潮历时要稍长。具体历时见表2.4-1。从涨落潮潮流历时的分布来看，除受局部地形影响外，所测各站的涨潮历时要一般稍长于落潮历时。

施测海域涨、落潮潮流历时汇总统计表(h:min)　　表2.4-1

站名		落潮			涨潮		
		大潮	小潮	平均	大潮	小潮	平均
黄海	U1	5:33	6:30	6:02	6:35	6:38	6:36
	U2	5:47	6:47	6:17	6:34	6:25	6:29
庙岛海峡	U3	6:39	8:53	7:46	3:47	4:10	3:58
	U4	5:01	6:23	5:42	7:13	6:47	7:00
	U5	6:00	7:18	6:39	6:25	6:09	6:17
	U6	4:58	5:43	5:20	7:22	6:48	7:05
渤海	U7	5:24	5:50	5:37	7:00	7:04	7:02
	U8	5:03	6:22	5:42	7:21	6:46	7:03
	U9	6:27	7:04	6:46	5:48	6:32	6:10
平均		5:39	6:45	6:12	6:27	6:22	6:24

2.4.3 潮流流速

各测站潮段平均流速统计见表2.4-2。大、小潮测验期间，所测9个站的涨、落潮段平均流速分别为0.35m/s和0.34m/s，其中大潮涨、落潮段平均流速分别为0.38m/s和0.37m/s，小潮涨、落潮段平均流速均为0.32m/s。

各测站潮段平均流速统计表(m/s)　　表2.4-2

站名		落潮			涨潮		
		大潮	小潮	平均	大潮	小潮	平均
黄海	U1	0.34	0.27	0.30	0.33	0.31	0.32
	U2	0.40	0.31	0.35	0.39	0.33	0.36
庙岛海峡	U3	0.40	0.31	0.35	0.23	0.20	0.21
	U4	0.44	0.34	0.39	0.51	0.41	0.46
	U5	0.56	0.50	0.53	0.47	0.40	0.43
	U6	0.27	0.28	0.27	0.36	0.32	0.34
渤海	U7	0.32	0.29	0.31	0.39	0.30	0.34
	U8	0.30	0.28	0.29	0.41	0.35	0.38
	U9	0.34	0.27	0.30	0.31	0.30	0.30
平均		0.37	0.32	0.34	0.38	0.32	0.35

从大小潮的潮段平均流速来看，位于黄海的U1、U2测站落潮平均流速与涨潮平均流速相差不大；庙岛海峡的U3、U5站的涨潮平均流速要小于落潮平均流速，U4、U6站涨潮平均流速要大于落潮平均流速；位于渤海的U7、U8、U9 3个站中，除U8测站涨潮平均流速明显大于落潮平均流速外，其余两站的涨落潮平均流速相差不大。

受地形影响，潮段平均流速，庙岛海峡西侧的U5测站最大，落潮平均0.53m/s，涨潮平均为0.43m/s；庙岛海峡东侧的U4测站次之，落潮平均为0.39m/s，涨潮平均为0.46m/s；南长山岛东侧的U3测站最小，涨潮平均为0.21m/s，落潮平均为0.35m/s。

2.4.4 最大潮流特征值

各测站垂线平均最大流速，涨潮段为0.88m/s，流向114°，落潮段为1.53m/s，流向283°，均出现在大潮期间U5测站。各层实测最大流速，大潮1.84m/s，流向284°，小潮1.30m/s，流向281°，均出现在U5测站落潮段的表层。

2.4.5 潮流可能最大流速

潮流可能最大流速根据《海港水文规范》(JTJ 213—1998)计算。在布设的9个测站中，垂线平均的潮流可能最大流速以U5测站最大，为1.95m/s，流向106°；U6测站最小，为0.86m/s，流向126°。各层的可能最大流速，以U5测站为最大，为0.41m/s，流向109°；U6测站最小，为0.63m/s，流向111°。

2.4.6 潮流流向

所测海域的潮流主要有如下特点：

(1)各测站一般呈现涨潮东流、落潮西流的特点，但受局部地形影响，各站潮流流向差异较大。黄海海区的U1站为SE-NW向，呈往复流；登州水道的U2、U4、U5三站潮流流向与该深槽的走向基本一致，呈SE-NW向的往复流；南长山岛东侧的U3呈旋转流；U6、U8两站大小潮期间的潮流流向有较大差异；U7测站基本与蓬莱西海岸的岸线走向一致，为往复流；U9测站潮流流向近似呈E-W向。

(2)从大、小潮的潮流流向对比来看，受登州水道深槽及登州浅滩的影响，U8测站的大潮与小潮的潮流流向差异较大，大潮期间，涨潮呈NE向，落潮呈W向；而小潮期间，涨潮呈SE向，落潮呈SW向。U6测站受南长山岛等岛屿及登州水道的影响，大潮为往复流，小潮具有旋转流性质。其余各站的潮流流向变化不大。

(3)从工程区附近的U7测站来看，蓬莱西海岸的潮流应顺岸线呈NE-SW向，为往复流。

2.4.7 余流

余流是指海流中除天文引潮力作用所引起的潮流以外的海流。表2.4-3给出了各测站的余流大小、方向。

各站计算余流 表2.4-3

站名		大潮		小潮	
		流速(m/s)	流向(°)	流速(m/s)	流向(°)
黄海	U1	0.041	229	0.02	93
	U2	0.042	201	0.023	187
庙岛海峡	U3	0.227	259	0.139	259
	U4	0.142	57	0.075	54
	U5	0.088	256	0.084	267
	U6	0.103	89	0.109	70
渤海	U7	0.058	58	0.024	52
	U8	0.1	33	0.114	151
	U9	0.065	223	0.005	23

余流的平面分布主要表现为在登州水道及周边的余流较强、其余地方余流较弱的特点,最大值出现在大潮期间的 U3 测站,达 0.227m/s,方向为 259°;其次是大潮期间 U4 测站,达 0.142m/s,方向为 57°;其余测站不超过 0.14m/s。大、小潮期间,余流的方向相对比较稳定,登州水道内的 U3、U5 测站主要指向西侧,U4、U6 测站主要指向东侧,工程区的 U7 测站主要指向东侧。

2.4.8 潮流数值模拟现状条件计算结果

1)落急

来自黄海的落潮流,大竹山岛与朱家庄连线深海区潮流流向基本为 E-W 向。接近南北山岛水域,受南北长山岛阻流影响,潮流走向逐渐变向,以南长山岛中部为分界线。

南长山岛中部分界线以北,潮流沿南北长山岛岛边由 SE-NW 向流动,北长山岛、大黑山岛与猴矶岛之间水域潮流流向基本为 E-W 向,过大黑山岛后,潮流走向逐渐向南偏转,在屺埘岛头部潮流流向基本以 NE-SW 向流向龙口湾。

南长山岛中部分界线以南,潮流沿南北长山岛岛边由 NE-SW 向流动,与蓬莱沿岸流共同作用穿越庙岛海峡,进入渤海海域。庙岛海峡处为海域落急流速最大水域,根据实测资料,最大流速为 1.8m/s,位于南长山岛南端海域。

潮流过南长山岛与蓬莱田横山卡口后开始扩散,工程区处于登州浅滩水域,潮流基本为沿岸流,潮流走向受岸线(包括桑岛)控制,至屺埘岛头部潮流流向基本以 NE-SW 向流向龙口湾;工程区北侧为庙岛水道深水航线区,潮流沿深槽流动,流向表现为 SE-NW;过大黑山岛后,受大黑山岛、北长山岛北侧来流挤压,潮流走向逐渐由 SE-E-SW 偏转,至屺埘岛头部潮流流向基本以 NE-SW 向流向龙口湾。

2）涨急

海域为往复流，涨急潮流流向基本与落急逆向。屺坶岛岛头潮流流向基本为SW-NE向，由南向北逐渐E向偏转，至猴矶岛所处潮流流向基本为W-E向；屺坶岛→桑岛→栾家口→蓬莱→铜井宋家沿岸潮流为沿岸流，流场平顺，流向基本与岸线走向一致；潮流通过蓬莱和南长山岛之间的庙岛海峡、北长山岛以北的长山水道穿越长山群岛，进入黄海。落急最大流速也位于南长山岛南端海域，流速为1.8m/s。

近海海域潮流形态具有下述特征：

(1)南长山岛南端为潮流挑流点，落潮近岛西部为回流区，涨潮近岛东部为回流区。

(2)庙岛海峡栾家口—北海礁石深水航道区，潮流走向较为恒定，为往复流，落潮流向为E-W向或接近E-W向，涨潮流向为W-E向或接近W-E向。

(3)规划人工岛区域海岸为SW-NE直线岸线，规划人工岛处于涨落潮为沿岸流动的往复流水域，东部与蓬莱港相连接岸工程处于蓬莱港防波堤掩护水域，落潮存在微弱回流；西部海岛鱼尾和接岸工程，潮流形态受船厂和栾家口码头影响，为东部沿岸流与船厂和栾家口码头作用流衔接区域。

2.5 波浪

蓬莱海洋站布设在蓬莱老北山上，测波浮标布设在老北山东北方向水深19.3m处。观测时间为1988年至1992年，每日观测4次(北京时间0时、8时、11时、14时、17时)。观测采用SBA-2型岸用光学测波仪。该资料在NNE-NE-E方向和WSW-WNW-NNW方向上代表性较好。用海规划所处海域与老北山海域相距仅1~2km，且20m等深线外地形基本相同，外海波浪状况相似，因此资料代表性好。

2.5.1 波高年变化

累年平均波高为0.8m，最大波高($H_{1\%}$)为4.1m，各月的平均波高依季节而变化，最大值出现在1—3月和10—12月(冬半年)，均为0.9~1.0m。4—9月(夏半年)平均波高较小，一般为0.5~0.6m。

累年各向平均波高随方向的不同差别较大，最大值出现在NNE方向，次之为N向和NE向，分别为1.0m和0.9m。

2.5.2 波浪统计特征

根据对蓬莱海洋站累年各向波浪要素进行的统计可以看出，本海区属于以风浪为主、涌浪为辅的混合浪海区，风、涌浪的出现频率分别为87%和13%；常浪向为N向，频率为18.63%，次常浪向为NNW向，频率分别为9.8%；强浪向为N向，最大波高5m，次强浪向为NNE和NNW向，最大波高分别为4.2m和3.7m。各级波浪频率见表2.5-1，波浪玫瑰图见图2.5-1。

蓬莱海洋站各级波浪频率表(1990 年)　　表 2.5-1

周期(s)	波高(m)	NNE		N		NNW		NW		WNW		W	
		次数	频率(%)	次数	频率(%)	次数	频率(%)	次数	频率(%)	次数	频率(%)	次数	频率(%)
2.5	0.1~0.3	2	0.14					1	0.07				
	0.4~0.6	1	0.07			2	0.14	1	0.07			1	0.07
	0.7~1.0			1	0.07								
3.5	0.1~0.3	5	0.34			3	0.21	1	0.07			6	0.41
	0.4~0.6	15	1.27	4	0.27	7	0.48	3	0.21	4	0.27	13	0.89
	0.7~1.0	10	0.69					3	0.21	10	0.69	5	0.34
	1.1~1.4											1	0.07
	1.5~1.8	1	0.07										
4.5	0.1~0.3	1	0.07	1	0.07							1	0.07
	0.4~0.6	7	0.48	3	0.21	2	0.14	1	0.07	1	0.07	4	0.27
	0.7~1.0	21	1.44	3	0.21	4	0.27	3	0.21	6	0.41	13	0.89
	1.1~1.4	5	0.34	2	0.14	8	0.55	3	0.21	3	0.21	2	0.14
	1.5~1.8	1	0.07	1	0.07			3	0.21			1	0.07
	1.9~2.2	1	0.07										
5.5	0.4~0.6	1	0.07									1	0.07
	0.7~1.0	7	0.48	4	0.27			1	0.07	1	0.07	1	0.07
	1.1~1.4	7	0.48	6	0.41	7	0.48	3	0.21			3	0.21
	1.5~1.8	5	0.34	3	0.21	4	0.27	6	0.41				
	1.9~2.2	5	0.34			1	0.07						
	2.3~3.0	1	0.07										
6.5	0.7~1.0	1	0.07										
	1.1~1.4	1	0.07			1	0.07						
	1.5~1.8	4	0.27	1	0.07								
	1.9~2.2	12	0.82	1	0.07								
	2.3~3.0	8	0.55	1	0.07								
7.5	3.1~4.0	1	0.07										

龙口海洋站位于龙口湾外,具有多年的观测资料;该站测波浮鼓设在屺坶岛高角 NNW 方向(距岸 528m、水深 15.7m 处),从 1961 年 1 月开始观测至今。

根据 1971 年 1 月至 1982 年 12 月观测资料统计分析,龙口湾外海域常波向为 NE 向,频率为 14%;次常波向为 NNE,频率为 9%;强波向为 NE 向,最大波高 7.2m(出现于 1979 年的寒潮大风过程)。波浪以风浪为主,涌浪为辅,频率分别占 88% 与 12%。

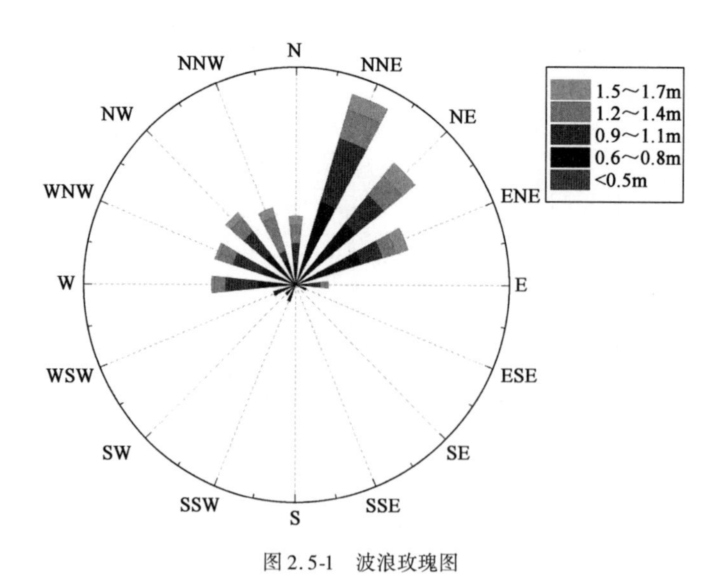

图 2.5-1 波浪玫瑰图

1982 年一年的波浪资料统计表明，本海区波高出现频率最多的是 0.4 ~ 1.0m，占 50.92%；出现最多的周期为 3 ~ 5s，频率为 64.24%。波高大于 3m、周期大于 7s 的波浪仅占 3% 左右。年平均波高 1.23m，平均周期 4.3s。

北隍城海洋站位于渤海海峡中部北隍城岛，坐标为 38°23.7′N，120°55′E。该岛是渤海海峡众多岛屿中最北侧的岛屿，岛的 N-S 向为开敞海域，无岛屿和建筑物的掩护。根据 2006—2010 年北隍城测波站的波浪观测资料（表 2.5-2），该海区是以风浪为主、涌浪为辅的混合浪海区，风浪、涌浪出现的频率分别为 87% 和 13%。常浪向为 N 向，频率为 18.63%，次常浪向为 NNW 向，频率为 9.8%；强浪向为 N 向，最大波高为 5m，平均波高 1.53m，次强浪向为 NNE 和 NNW 向，最大波高分别为 4.2m 和 3.7m，平均波高也分别达到了 1.19m 和 1.15m。该海区的强浪向与常浪向基本一致，大浪主要集中于 NNE-NNW 向，与该海域大风的方向具有一致性，其大浪主要由大风引起。图 2.5-2 给出了北隍城海洋站测波资料波浪玫瑰图。

2006—2010 年北隍城测波站各向波浪特征表 表 2.5-2

波向	频率（%）	平均波高（m）	最大波高（m）	对应周期（s）
N	18.63	1.53	5	8.6
NNE	2.72	1.19	4.2	7.1
NE	2.00	0.96	2.1	5.3
ENE	1.26	0.81	1.4	5.6
E	0.81	0.86	1.8	5.5
ESE	0.84	0.81	1.5	4.5
SE	0.50	0.83	1.7	4.6
SSE	0.44	0.84	1.4	5.5
S	0.26	0.89	1.6	6.6
SSW	0.11	0.79	1.1	5.2

续上表

波向	频率(%)	平均波高(m)	最大波高(m)	对应周期(s)
SW	0.23	0.79	1.4	5.8
WSW	0.24	1.00	1.8	5.9
W	0.39	1.10	1.6	4.5
WNW	0.30	1.00	2.4	5.6
NW	1.73	1.20	2.6	5.7
NNW	9.80	1.15	3.7	6.7
C	59.74			

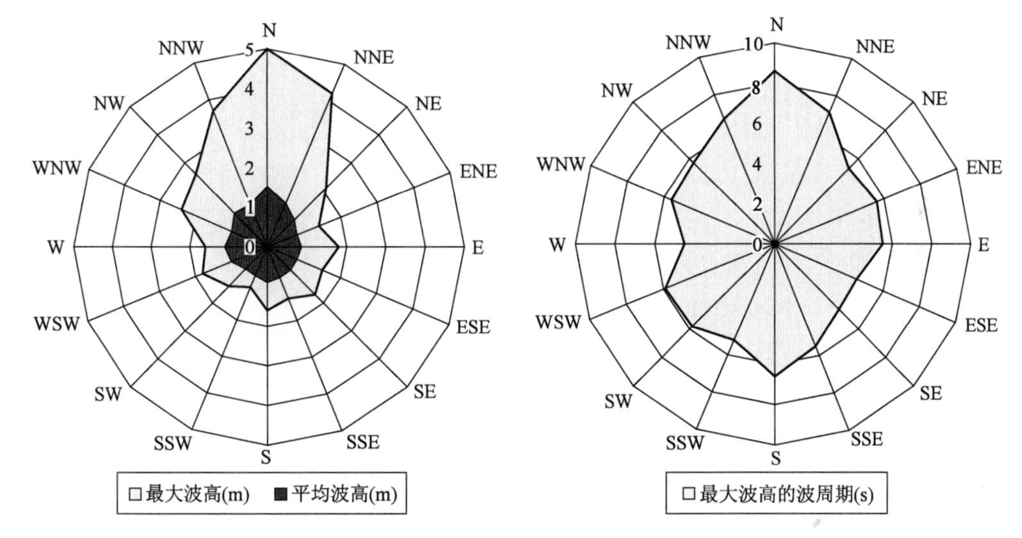

图 2.5-2　北隍城测波站波浪(2006—2010 年)玫瑰图

从各级各向波浪出现的频率统计来看(表 2.5-3),波高在 1.5～2.9m 的中浪出现频率为 11.61%,波高在 3.0～5.0m 的大浪出现频率为 1.38%。

2006—2010 年北隍城测波站各级各向波浪频率表(%)　　表 2.5-3

波向	波高(m)						合计
	0～0.4	0.5～0.9	1.0～1.4	1.5～1.9	2.0～3.0	3.0～5	
N	0.56	4.69	4.78	3.45	3.85	1.30	18.63
NNE	0.06	1.07	0.87	0.41	0.29	0.03	2.72
NE	0.06	1.13	0.56	0.21	0.04	0.00	2.00
ENE	0.10	0.78	0.37	0.00	0.00	0.00	1.26
E	0.09	0.46	0.20	0.07	0.00	0.00	0.81
ESE	0.03	0.60	0.20	0.01	0.00	0.00	0.84
SE	0.04	0.31	0.13	0.01	0.00	0.00	0.50
SSE	0.01	0.31	0.11	0.00	0.00	0.00	0.44

续上表

波向	波高(m)						合计
	0~0.4	0.5~0.9	1.0~1.4	1.5~1.9	2.0~3.0	3.0~5	
S	0.00	0.19	0.06	0.01	0.00	0.00	0.26
SSW	0.01	0.07	0.03	0.00	0.00	0.00	0.11
SW	0.00	0.20	0.03	0.00	0.00	0.00	0.23
WSW	0.01	0.10	0.10	0.03	0.00	0.00	0.24
W	0.00	0.13	0.19	0.07	0.00	0.00	0.39
WNW	0.01	0.14	0.11	0.01	0.01	0.00	0.30
NW	0.07	0.41	0.86	0.20	0.19	0.00	1.73
NNW	0.64	3.92	2.45	1.53	1.20	0.06	9.80
C	59.74	0.00	0.00	0.00	0.00	0.00	59.74
小计	61.44	14.52	11.04	6.03	5.58	1.38	100

从海域大浪(波高大于3.0m)出现的季节来看(表2.5-4),大浪主要集中在每年的冬半年,尤其是每年的10月至次年的3月,5—9月的波浪一般不大,大浪出现频率较低,表明秋季的台风、温带气旋及冬季的寒潮大风是形成海区大浪的主要气象因素。

2006—2010年北隍城测波站大浪出现的季节分布情况 表2.5-4

月份	1	2	3	4	9	10	11	12	合计
次数	11	18	17	3	4	12	23	9	97
频率(%)	11.34	18.56	17.53	3.09	4.12	12.37	23.71	9.28	100
最大波高(m)	4.3	4.2	5.0	3.8	3.6	4.1	4.2	4.2	—

从三个海洋站的波浪测量结果统计资料看,工程区外海强浪主要集中在NW-NE向。

2.5.3 设计波浪要素

2011年10月,交通运输部天津水运工程科学研究所对本工程区域波浪进行波浪数值模拟计算,采用的资料分别为:风况资料为1999—2008年工程附近海区风资料和2006—2010年蓬莱海洋站风资料,波浪资料为蓬莱海洋站1988—1992年观测资料、龙口海洋站1971—1982年观测资料和北隍城海洋站2006—2010年观测资料;采用的模型为:大范围海域的风浪传播采用SWAN模型,小范围的波浪计算采用MIKKE21中的BW模型。根据计算结果,本工程建成前设计波浪要素特征点布置见图2.5-3。

根据工程建设前现状的设计波浪要素计算结果汇总可知:NW和NE向浪对工程建设前工程海区的波浪条件起主要作用。50年一遇的波浪入射时,两座人工岛外侧1号~4号测点处以及人工岛内侧7号~10号测点处在不同水位条件下NW向浪入射时有效波高最大,极端高水位最大有效波高为4.3m(1号测点处),而西侧人工岛外边缘的5号、6号测点处在NE向浪入射时有效波高最大,极端高水位最大有效波高为3.4m(6号测点处);10年一遇的波浪入射时,两座人工岛外侧1号~4号测点处以及人工岛内侧8号~10号测点处在不同水位条件下NW向浪入射时有效波高最大,极端高水位最大有效波高为3.2m(1号测点处),而西侧人工岛5号~7号测点处在NE向浪入射时有效波高最大,极端高水位最大有效波高为2.9m(5号、6号测点处)。

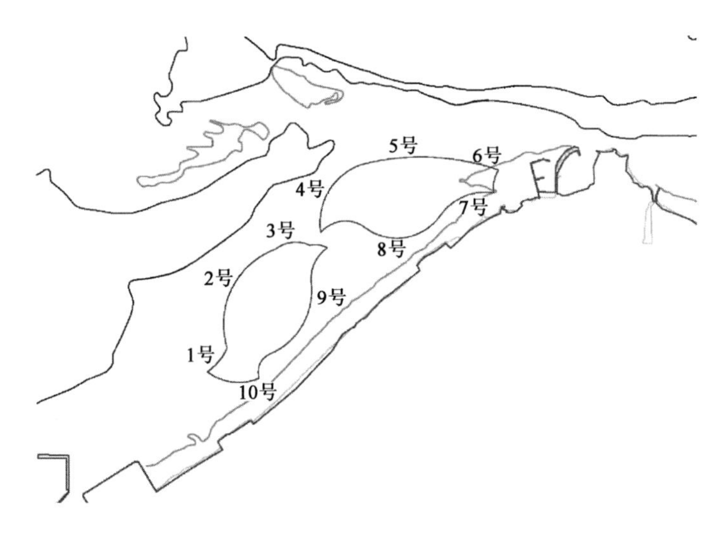

图2.5-3 工程建成前设计波浪要素特征点布置图

2.6 泥沙

2.6.1 泥沙来源及运移趋势分析

工程区附近海岸的泥沙来源主要有三个方面:河流及冲沟输沙,海岸侵蚀供沙,邻近岸滩搬运来沙。

1)河流及冲沟输沙

近年来,由于河道治理工程,蓬莱嘴以东的河流基本无泥沙流入大海,自蓬莱田横山至栾家口无河流入海,但有几条小溪,及岸边的冲沟在雨季向海中输送一定数量的泥沙。据夏东兴等根据有关侵蚀模数计算,蓬莱西海岸西庄至栾家口之间每年由冲沟入海泥沙约8500t,输沙量较小。

2)海岸侵蚀供沙

从蓬莱田横山口至栾家口的蓬莱西海岸,岸线多由松散沉积物构成。在1985年登州浅滩破坏前,海滩砾石及沙开采较少,海岸动力与海岸之间基本处于平衡状态。1985年,登州浅滩及沿岸岸线采沙后,登州浅滩的防浪作用逐渐减弱,外海波浪能直接作用于海岸,增加了海岸侵蚀的强度,但由于附近海岸主要为黄土海岸,被侵蚀物质较细,多被浪或流挟带至较深海域,难以在浅滩沉积。

3）岸滩搬运来沙

细颗粒物质在波浪、潮流的作用下反复搬运，是海岸泥沙运动的主要形式。在登州浅滩田横山北侧海底沉积物为砾石，海岸侧海蚀崖岸前的海蚀平台基本都有砾石覆盖，一般天气条件下，海域的含沙量水平较低，单宽输沙量较小，泥沙的搬运量也较小。

从泥沙来源来看，1985 年登州浅滩破坏前的自然状态下，该海岸以岸滩搬运来沙为主，岸滩基本处于相对平衡状态；1985 年后，由于受采沙影响，登州浅滩的消浪作用减弱后，在大风浪条件下，海洋动力虽对海岸侵蚀增强，岸滩泥沙搬运作用亦可能增强，但这并没有从根本上改变本区的泥沙来源性质，其均以当地物源为主。

2.6.2 含沙量特点

根据 2011 年 7 月对庙岛海峡附近布设的 9 个测站泥沙观测数据（图 2.3-2）进行统计分析，该海域的含沙量具有如下特点：

（1）测验期间，施测海域涨、落潮平均含沙量为 0.015kg/m³，其中大潮为 0.018kg/m³，小潮为 0.012kg/m³，大潮含沙量略大于小潮含沙量，一般天气条件下，海域含沙量水平较低，见表 2.6-1。

各测站潮段平均含沙量统计表（kg/m³） 表 2.6-1

站名		落潮			涨潮		
		大潮	小潮	平均	大潮	小潮	平均
黄海	U1	0.016	0.012	0.014	0.014	0.013	0.013
	U2	0.022	0.015	0.018	0.020	0.015	0.017
庙岛海峡	U3	0.020	0.012	0.016	0.013	0.010	0.011
	U4	0.037	0.020	0.028	0.034	0.019	0.026
	U5	0.020	0.012	0.016	0.012	0.009	0.011
	U6	0.012	0.011	0.012	0.012	0.009	0.010
渤海	U7	0.018	0.010	0.014	0.015	0.009	0.012
	U8	0.022	0.010	0.016	0.015	0.008	0.012
	U9	0.013	0.007	0.010	0.008	0.007	0.007
平均		0.020	0.012	0.016	0.016	0.011	0.013

（2）测量期间，涨、落潮平均含沙量浓度平面分布，以 U4 测站最高，涨落潮分别为 0.026kg/m³、0.028kg/m³；其次是 U2 测站，分别为 0.017kg/m³、0.018kg/m³；U9 测站最低，分别为 0.007kg/m³、0.01kg/m³；其余测站差异不大。涨潮、落潮段各测站的垂线平均最大含沙量、最大含沙量也均以 U4 测站最高：垂线平均含沙量最大值，大潮为 0.113kg/m³，出现在落潮段，小潮为 0.033kg/m³，出现在涨潮段；最大含沙量，大潮为 0.155kg/m³，位于落急时段的底层，对应流速为 0.62m/s，流向 294°；小潮为 0.081kg/m³，位于落急时段的底层，对应流速值为 0.44m/s，流向 302°，见表 2.6-2。

各测站潮段垂线平均最大含沙量统计表(kg/m³)　　表 2.6-2

站名		落潮			涨潮		
		大潮	小潮	平均	大潮	小潮	平均
黄海	U1	0.033	0.022	0.033	0.023	0.020	0.023
	U2	0.057	0.027	0.057	0.043	0.030	0.043
庙岛海峡	U3	0.041	0.018	0.041	0.024	0.011	0.024
	U4	0.113	0.032	0.113	0.056	0.033	0.056
	U5	0.041	0.029	0.041	0.019	0.013	0.019
	U6	0.041	0.027	0.041	0.018	0.014	0.018
渤海	U7	0.049	0.018	0.049	0.027	0.016	0.027
	U8	0.075	0.024	0.075	0.028	0.013	0.028
	U9	0.034	0.010	0.034	0.014	0.011	0.014
平均		0.013	0.032	0.113	0.056	0.033	0.056

(3)从潮段含沙量来看,落潮含沙量略大于涨潮含沙量。大、小潮落潮含沙量分别为0.20kg/m³、0.12kg/m³,平均为0.016kg/m³;大、小潮涨潮平均含沙量分别为0.016 kg/m³、0.011kg/m³,平均为0.013kg/m³,呈现落潮含沙量略大于涨潮含沙量的趋势。

(4)潮段平均含沙量呈表层到底层逐渐增大的分布状态,垂线梯度,落潮段大于涨潮段,落潮段与涨潮段梯度差异,大潮大于小潮。

2.6.3 单宽输沙量

根据实测资料,计算分析测验期间大、小潮的涨潮与落潮单宽输沙量,见表2.6-3、表2.6-4。可以看出,所测各站的单宽输沙量具有如下特点:

(1)在所布的9个测站中,位于庙岛海峡两侧的U3、U4、U5三个站及工程区的U7站的输沙方向在大、小潮期间较为一致,除U4站均以涨潮输沙为主外,U3、U5、U7三个站的输沙方向均以落潮输沙为主,其余5站的大、小潮输沙方向相反。

(2)庙岛海峡东侧的黄海海区的U1、U2站的输沙方向在小潮期间以涨潮输沙为主,大潮时以落潮输沙为主。

(3)庙岛海峡西侧的U6站大潮以落潮输沙为主,小潮以涨潮输沙为主。

(4)位于渤海海区的U8、U9测站,小潮以涨潮输沙为主,大潮以落潮输沙为主。

(5)从9个测站的净输沙来看,大潮净输沙方向主要向西输移,小潮净输沙主要向东输移,大潮输沙量要大于小潮输沙量;对于工程区附近的U7测站,大、小潮期间的落潮输沙量均大于涨潮输沙量,净输沙方向指向西,表明工程区附近的泥沙运移方向有自东向西运移的趋势。

大潮单宽输沙量及方向(2011 年 7 月 5—6 日) 表 2.6-3

站名		涨潮		落潮		净输沙	
		输沙量［kg/(d·m)］	输沙方向(°)	输沙量［kg/(d·m)］	输沙方向(°)	输沙量［kg/(d·m)］	输沙方向(°)
黄海	U1	2897	137	5225	294	2795	270
	U2	9959	112	13452	279	4417	247
庙岛海峡	U3	4156	236	5888	283	9257	264
	U4	17473	94	16536	293	5827	22
	U5	6070	112	25706	281	19770	278
	U6	1490	111	1217	341	1169	58
渤海	U7	1919	76	2925	265	1065	280
	U8	2371	68	4960	282	3257	306
	U9	1771	96	5676	264	3963	258

小潮单宽输沙量及方向(2011 年 7 月 5—6 日) 表 2.6-4

站名		涨潮		落潮		净输沙	
		输沙量［kg/(d·m)］	输沙方向(°)	输沙量［kg/(d·m)］	输沙方向(°)	输沙量［kg/(d·m)］	输沙方向(°)
黄海	U1	3927	120	2514	299	1414	122
	U2	7716	119	5607	290	2317	139
庙岛海峡	U3	805	232	2208	260	2940	253
	U4	7357	95	5107	295	3134	60
	U5	4385	112	9613	284	5311	277
	U6	1183	116	2512	348	1070	49
渤海	U7	1187	82	1315	269	212	318
	U8	1556	110	1340	233	1389	164
	U9	1370	102	1140	280	235	113

2.6.4 蓬莱近海海域悬沙遥感定量反演

本次研究收集了 4 张蓬莱附近海域的遥感影像,影像成像时的天气及潮情情况见表 2.6-5,反演的表层悬沙浓度分级图见图 2.6-1。

影像的潮情与风况条件 表 2.6-5

编号	成像时间	传感器类型	潮情	海区风况
1	2003-10-19	TM5	涨 1h	NE/2 级
2	2004-2-8	TM5	涨 4.3h	SW/前三日六级大风
3	2004-12-8	TM5	落 4h	NE/六级大风起风前,近三日也有六级大风
4	2009-2-21	TM5	落 2h	S/五级

(1)从工程海域小风天遥感卫片反演的海域表层含沙量分布图来看：

①工程海区表层含沙量高值区大概沿登州浅滩分布，浅滩附近的含沙量一般在0.01～0.02kg/m³，其5m等深线附近增大到0.02～0.03kg/m³；

②工程区蓬莱西庄村附近近岸的表层含沙量较低，一般在0.004～0.007kg/m³；

③周围附近海域的含沙量一般小于0.01kg/m³。

a)2003-10-19(涨潮，NE/2级)

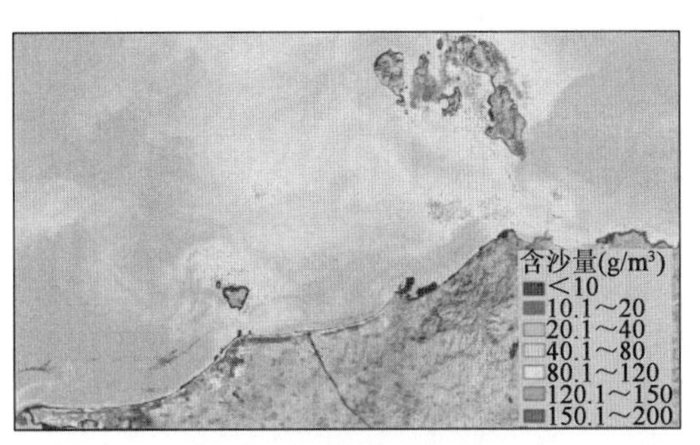

b)2004-2-8(涨潮，SW/六级)

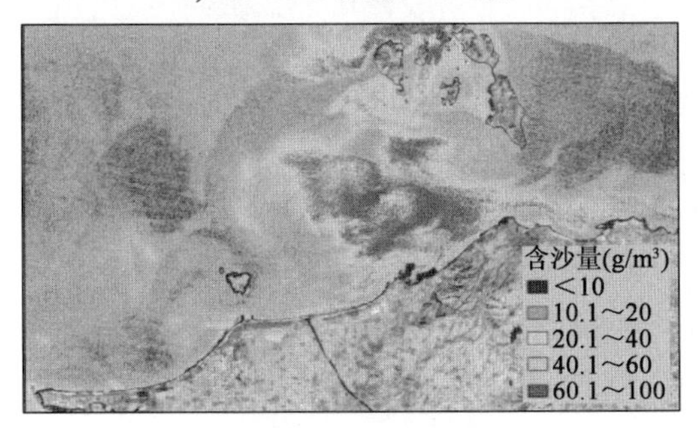

c)2004-12-8(落潮，NE/六级)

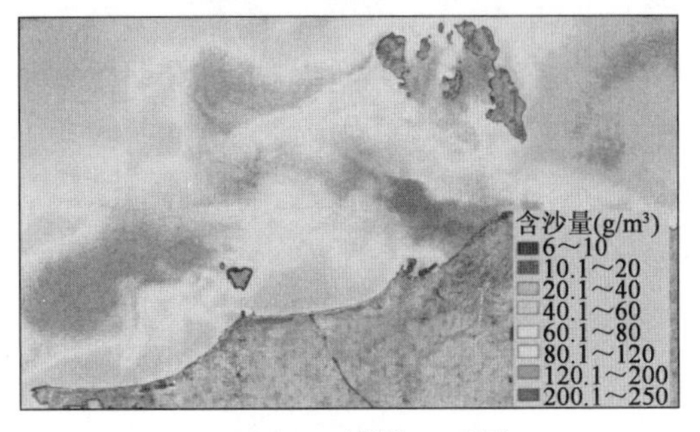

d)2009-2-21(落潮，S/五级)

图2.6-1 工程海域遥感卫片的表层含沙量分布图

(2)从工程海域大风天遥感卫片反演的海域表层含沙量分布图来看：

①在大风天气条件下，由于风浪掀沙，海域的表层含沙量有所增大，其分布及量值受风浪大小及历时而有所不同，但其周围外海的表层含沙量一般小于0.1kg/m³；

②登州浅滩附近的含沙量一般比外海稍大，但通常也不超过0.25kg/m³；

③工程区蓬莱西庄村附近近岸的表层含沙量量值受风浪大小及历时而有所不同，根据本次收集的卫片显示一般在0.05～0.20kg/m³之间。

(3)整体来看：工程海区，在一般天气条件下，海域的表层含沙量一般小于0.01kg/m³，在近岸及浅滩附近略有增大；在大风天气条件下，由于风浪掀沙，海域的表层含沙量有所增大，其分布及量值受风浪大小及历时而有所不同。就本次收集的卫片来看，工程区周围外海的表层含沙量一般小于0.1kg/m³，登州浅滩附近的含沙量一般比外海稍大，但通常也不超过0.25kg/m³，工程区含沙量一般在0.05～0.20kg/m³之间。

2.6.5 工程海区泥沙运移特征分析

一般天气条件下，工程区附近海域的含沙量较低，悬沙中值粒径较细，泥沙主要随潮流运动,涨潮向东,落潮向西,而其净输沙则与局部地形、水动力条件、含沙量以及海况等有关。工程区近岸由于泥沙颗粒较粗、海岸较为顺直,存在沿岸输沙现象,例如栾家口雏形沙嘴和西庄雏形沙嘴都是风浪条件下沿岸输沙形成,但由于目前工程区所在的蓬莱西海岸所建海岸工程较多,其前沿的水深一般较大,将两侧的沿岸输沙阻截,尤其是蓬莱港及栾家口港将工程区东、西两侧的沿岸输沙阻截后,外部的沿岸输沙将对工程所在的岸段影响较小,工程海域泥沙运动当以悬移质泥沙运动为主。

2.6.6 泥沙数值模拟现状条件计算结果

1)从海域含沙量场模拟结果来看

现状条件下,小风天时近岸工程区水域含沙量一般在0.005~0.02kg/m³,登州浅滩水域含沙量一般在0.01~0.03kg/m³,登州水道含沙量一般在0.01~0.02kg/m³。NW向大风天时,工程海区含沙量较小风天有明显增大,工程区近岸水域含沙量一般在0.25~0.4kg/m³;登州浅滩水域含沙量一般在0.25~0.35kg/m³;登州水道含沙量一般在0.25kg/mm³以内。

2)从工程区海床变化来看

工程区海域现状时,在NW向波浪作用下,西庄村至格林庄近岸呈普遍冲刷趋势,西庄村以北的拟建东侧人工岛水域呈冲刷趋势,格林庄以北的拟建西侧人工岛水域呈淤积趋势,登州浅滩呈冲刷趋势,登州水道略有淤积。

2.7 工程地质

该场地类别为Ⅱ类场地,属于中硬场地土,为适宜本工程建设的一般场地。经综合分析,本场地埋深20.00m范围内粉土、砂土层为非液化土层。根据拟建物性质和地基土层情况综合分析,场区砾砂(Q_4^m)②的物理力学性质较好且分布较稳定,工程性质较好,可以作为拟建建筑物的桩端持力层。根据《建筑抗震设计规范(GB 50011—2010)》"附录A 我国主要城镇抗震设防烈度、设计基本地震加速度和设计分组"第A.0.13条第2款,场地位于抗震设防烈度7度区,设计基本地震加速度值为0.15g,设计地震分组属第二组。

工程区域内地质条件较为复杂,自上而下分述如下:

(1)淤泥质黏土(Q_4^m):属全新统海积产物。揭露厚度0.8~8.0m,一般为2~6m。深灰色、灰黑色,饱和,呈软~塑状,主要由黏粉粒组成,局部地段相变为淤泥质粉质黏土或含砂量较高,偶见有少量贝壳类碎片,含腐殖质。该层摇振有反应,切面光滑,干强度一般,韧性较高。属高压缩性、低强度软弱土。

(2)砾砂(Q_4^m):属全新统海积产物。所有钻孔均有揭露,揭露厚度1.0~13.30m,顶板埋深为0~6.70m,顶板高程为-12.20~-2.0m。呈灰黄,灰褐、青灰色,饱和,大多为稍密~中密状态,主要由长石、石英颗粒组成,个别(K1和K2孔)夹有较软淤泥质黏土;部分地段含有少量卵石,卵径2~5cm。部分钻孔相变为粉砂②a、中砂②b、粗砂②c,含少量贝壳碎片,含泥量一般为10%～30%，级配一般。

(3)粉质黏土(Q_3^{al})：该层属晚更新统冲积物。仅部分钻孔有揭露，揭露厚度2.10～7.70m，顶板埋深2.40～14.10m，顶板高程－19.40～－5.50m。呈灰黄、青灰、灰白色，可塑～硬塑状，湿，主要由粉、黏粒和中粗砂组成，局部含砂量较高。摇振无反应，切面较光滑，韧性及干强度较高。该层总体属中等压缩性土，力学强度一般。

(4)粉砂(Q_3^{al})：属晚更新统冲积物。大部钻孔均有揭露(局部未揭穿)，揭露厚度1.10～15.90m，顶板埋深1.4～18.30m，顶板高程－23.6～－6.40m。呈灰黄、褐黄色，饱和，大多为中密状，成分主要为石英，含泥一般为20%～30%，级配较差。该层总体为中等压缩性土，力学强度一般。

(5)粉土(Q_3^{al})：属晚更新统冲积成物。部分钻孔有揭露，揭露厚度1.0～5.50m，顶板埋深为6.0～14.0m，顶板高程为－23.40～－10.50m。灰黄色、饱和，中密，成分以粉粒为主，含有云母、贝壳等，局部夹有锈斑，偶见有僵石。无光泽反应，干强度及韧性低。该层属中等压缩性土，力学强度一般。

(6)粉质黏土(Q_3^{al})：属晚更新统冲积成物。部分钻孔有揭露，揭露厚度0.60～19.10m，顶板埋深1.10～16.50m，顶板高程－25.90～－4.10m。呈灰黄、青灰、灰白色，可塑硬塑状，湿，主要由粉、黏粒和石英砂组成，局部含砂量较高。摇振无反应，切面较光滑，韧性及干强度较高。属中等压缩性土，力学强度一般。

(7)粗砂(Q_3^{al})：属晚更新统冲洪积物。部分钻孔有揭露，揭露厚度0.80～6.30m，顶板埋深为13.1～19.30m，顶板高程为－28.60～－16.40m。呈灰黄、灰白色，饱和，中～密实状，成分主要为长石、石英，含泥量为15%～25%，级配一般，部分地段底部含有少量卵石，卵径2～6cm。局部相变为砾砂。属中～低压缩性土，力学强度一般～较高。

3

离岸人工岛平面设计

3.1 总体设计

蓬莱离岸人工岛位于中国山东半岛北部的蓬莱西海岸区域，该地区历史上因海砂开采、自然动力作用及大风浪等因素，遭受了严重的海岸侵蚀问题，导致了土地流失，沿岸基础设施如公路、房屋等遭到破坏。特别是西部陆域与海滨西路相邻的地带，若不采取有效的防护和治理措施，将面临道路被冲毁的风险，带来巨大的经济损失，并可能威胁沿岸居民的生命安全。因此，对该段海岸进行及时的整治与修复工作显得尤为迫切，以保障沿岸设施的完整性和人民群众的生命财产安全。

为了有效应对上述挑战，蓬莱市人民政府提出了建设蓬莱西海岸海洋文化旅游产业聚集区的规划。该规划旨在利用蓬莱西侧现存的严重侵蚀后退的海岸线，通过构建人工护岸、人工沙滩以及两个外侧人工岛，打造一个集海上旅游、休闲、景观、娱乐和观光功能于一体的综合性大型滨海旅游景观带，使其成为蓬莱西海岸海洋文化旅游的标志性区域。该规划的实施，将不仅有助于有效防治海岸侵蚀问题，恢复并塑造蓬莱西海岸的沙滩景观，保护宝贵的土地资源和居民的生命财产安全，还将进一步完善蓬莱市的旅游产业结构，促进旅游经济的发展，对整个蓬莱市的社会经济发展具有深远的影响。

依据《蓬莱市旅游发展总体规划(2009—2025)》，蓬莱西海岸被定位为滨海度假区，规划范围西起上朱潘西北(紧邻栾家口远景发展区)，东至西庄村(与蓬莱渔港相连)，海岸线总长度约6.6km，规划区域的水深控制在9.0m以内。该规划的制定和实施，将为蓬莱市的可持续发展提供坚实的基础和广阔的空间，同时也将为蓬莱市的海洋文化旅游产业注入新的活力，提升其在国内外的知名度和吸引力。在实施过程中，需要充分考虑海岸线的自然特征、生态环境保护、旅游资源开发等多方面因素，确保规划的科学性、合理性和可持续性。同时，应加强与相关部门的沟通协调，确保规划的顺利实施，并采取有效措施，吸引社会资本参与，形成政府引导、市场运作、社会参与的良好局面。通过这些措施，蓬莱西海岸海洋文化旅游产业聚集区将成为推动蓬莱市经济社会发展的重要引擎,为蓬莱市乃至整个山东半岛的旅游业发展做出积极贡献。

3.1.1 总体平面布置原则

(1)总体平面布置应与区域总体规划、区域建设用海规划以及水产种质资源保护区规划等相协调,确保工程与区域发展目标和环境保护要求相一致。

(2)在总平面布置中,应综合考虑地形、地质、波浪、潮流、泥沙等自然条件的影响,合理规划布局,以减少陆域回填量,实现工程的合理性、安全性和经济性。

(3)岸线布置的形式和使用功能应与景观功能相融合,使建筑物既满足使用需求,又成为景观的一部分,提升整体美学价值。

(4)在总平面布置时,应充分考虑与相邻工程项目的关系,避免相互之间的干扰和影响,确保工程的顺利进行。

(5)总体平面布置应便于工程的实施,统筹规划并充分利用可获取的回填料资源,以提高工程效率和降低成本。

3.1.2 规划和工可阶段方案概述

在规划和工可阶段,对总平面布置进行了深入的研究和论证。整个平面方案的论证和优化工作分为两个阶段,并基于两个基础方案进行。

第一阶段的研究始于 2011 年 6 月,其基础方案为中国海洋大学在 2010 年 12 月编制的《蓬莱西海岸海洋文化旅游产业聚集区区域建设用海规划论证报告》中的推荐方案。该用海规划方案旨在修复对接岸陆域的回填并建设旅游景观,以改善海岸带的环境现状。尽管该方案在工程区域内提供了适宜的航行条件,但规划区域内的环形水域中部至西侧人工岛中部的水域存在水体交换不畅的问题。

第二阶段的优化工作在用海规划方案的基础上展开,建设单位委托规划设计单位编制了《蓬莱市西海岸海洋文化旅游产业聚集区概念性规划设计》。该概念性规划方案结合了波浪、潮流、泥沙、水体交换能力等多方面的数值模拟和物理模型科研成果,对原有的用海规划平面方案进行了全面的合理优化。

优化平面方案一在用海规划方案的基础上,对东、西人工岛的边线进行了优化调整:首先,对平面线形中影响水流的岛头、岛尾的尖角部分进行了圆滑处理,以弧线平顺连接;其次,在人工岛尾部各规划了 1 处人工沙滩,与陆域上的两处沙滩遥相呼应;接着,规划了 5 座游艇码头,其中东西人工岛上各 1 座,陆域上 3 座;最后,在人工岛与陆域之间的水域布置了 3 座心岛。

优化平面方案二在概念性规划方案的基础上进行了进一步的优化:首先,在人工岛与陆域之间的水域布置了 1 座心岛;其次,考虑到蓬莱京鲁船业厂区规划的防波堤,对西口门陆域边线进行了优化,与规划防波堤用弧线平顺连接;最后,为了适应游艇码头的功能需求,心岛东南侧的规划游艇码头岸线加大了曲率半径,并向海域延伸。

3.1.3 总平面布置方案

考虑本工程已进行了大量的规划、科研等前期工作，故本次设计工作依据前期工作结果，在维持工程总体布局不变的情况下进行详细设计。

根据规划方案、科研等前期工作，并充分考虑水文、工程地质、风浪条件，同时结合水流流速、流向、水下地形特点等因素，提出如下推荐方案。

本工程造陆区域由两部分组成：离岸人工岛区域和接岸岸线修复区域。

离岸人工岛区域由 A、B、C 三座人工岛组成，以 A、B 两个主体岛的双鸟相向布置形式掩护在外围，在 A、B 鸟岛的头部相对位置布置人工岛 C。A、B 两个主体岛屿在鸟尾分别修筑跨海桥梁与陆域相连，实现跨海交通。C 岛与陆地的跨海交通通过交通船舶实现。离岸造陆区填海面积 $502.64 \times 10^4 m^2$，形成陆域 $449.89 \times 10^4 m^2$，岸线布置为海堤、护岸、沙滩等，岛屿平面布置见图 3.1-1。

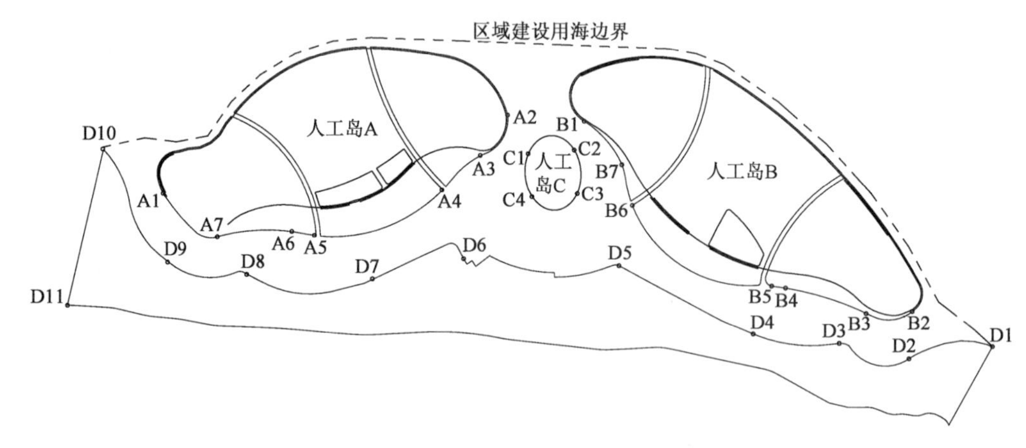

图 3.1-1 护岸及回填区布置图

接岸岸线修复区域西起规划的游艇制造基地，沿现有岸线布置，东至蓬莱渔港止，长度约 6.7km，最大纵深约 530m，最小纵深约 210m，填海面积 $174.59 \times 10^4 m^2$，形成陆域 $224.53 \times 10^4 m^2$（包括陆域回填面积），岸线布置有海堤、护岸、沙滩等。各造陆区填海面积见表 3.1-1。

造陆区面积指标表 表 3.1-1

造陆区	人工岛 A	人工岛 B	人工岛 C	接岸陆域	合计
填海面积（$10^4 m^2$）	233.99	250.18	18.47	174.59	677.23
造陆面积（$10^4 m^2$）	209.56	225.16	15.17	224.53	674.42

本工程占用原有海岸线约 6.7km，工程实施后形成岸线约 22.9km。其中，海堤段总长 10140.1m，护岸段总长 9308.1m，人工沙滩总长 2588.1m，临时海堤段（D10—D11）长 890.7m（此段为规划的游艇制造基地岸线，暂布置为临时海堤）。根据概念性规划设计理念以及水流、波浪、水下地形特点、地质条件等因素布置海堤、护岸、人工沙滩等，岸线形式及长度见表 3.1-2 ~ 表 3.1-5。

人工岛 A 岸线形式布置表 表 3.1-2

控制点	岸线形式	长度(m)
A1—A2	海堤	3093.2
A2—A3	海堤	356.3
A3—A4	直立护岸	792.7
A4—A5	斜坡护岸	950.5
A5—A6	斜坡护岸	159.8
A6—A7	人工沙滩	519.8
A7—A1	海堤	510.8

人工岛 B 岸线形式布置表 表 3.1-3

控制点	岸线形式	长度(m)
B1—B2	海堤	3561.1
B2—B3	海堤	354.9
B3—B4	人工沙滩	570.3
B4—B5	斜坡护岸	90
B5—B6	斜坡护岸	1158.3
B6—B7	直立护岸	472.2
B7—B1	海堤	391.6

人工岛 C 岸线形式布置表 表 3.1-4

控制点	岸线形式	长度(m)
C1—C2	海堤	400
C2—C3	直立护岸	300.2
C3—C4	斜坡护岸	400
C4—C1	直立护岸	300.2

接岸陆域岸线形式布置表 表 3.1-5

控制点	岸线形式	长度(m)
D1—D2	海堤	576.4
D2—D3	直立护岸	546.7
D3—D4	人工沙滩	598
D4—D5	直立护岸	1018.5
D5—D6	台阶式景观护岸	1198.8
D6—D7	直立护岸	1106.6
D7—D8	人工沙滩	900
D8—D9	直立护岸	813.6
D9—D10	海堤	895.8
D10—D11	临时海堤	890.7

3.2 水动力要素相互影响

在用海规划方案的基础上，从潮流—波浪—泥沙等角度，逐步提出优化方案，并采用数学、物理模型的方法，对拟建工程设计方案进行论证与优化，为工程的规划和设计提供科学依据。

3.2.1 潮流数值模拟研究成果

采用潮流数学模型，对拟建蓬莱西海岸海洋文化旅游产业聚集区工程初步布置方案进行工程论证与优化，为工程的规划和设计提供科学依据与技术保障。

1)计算方案

(1)用海规划方案，即中国海洋大学 2010 年 12 月编制的《蓬莱西海岸海洋文化旅游产业聚集区区域建设用海规划论证报告(报批稿)》的推荐方案，以下简称“规划方案”。

(2)2011 年 8 月 20 日在蓬莱召开《蓬莱西海岸概念性规划设计方案》评审会议，有 6 家单位分别提出各自的规划设计方案。

(3)在概念性规划设计方案的基础上，从岛内与外海水体交换角度，逐步提出优化方案，称为概念性规划设计优化方案。

(4)工程可行性研究报告审查会后修改方案(以下简称“工可推荐方案”)与概念性规划设计方案优化方案的区别主要有：将水系内小岛合并为 1 座椭圆形心岛；将中部环形水域接岸工程向海域推进 200m；东部接岸工程与京鲁船业设计防波堤弧形连接。

2)用海规划方案潮流模拟结果

用海规划方案工程布置见图 3.2-1，人工沙滩向海坡 1∶15，滩顶高程人工沙滩 1 为 3.2m、人工沙滩 2 和人工沙滩 3 为 2.5m。用海规划方案工程近区大潮涨落急流场模拟见图 3.2-2。

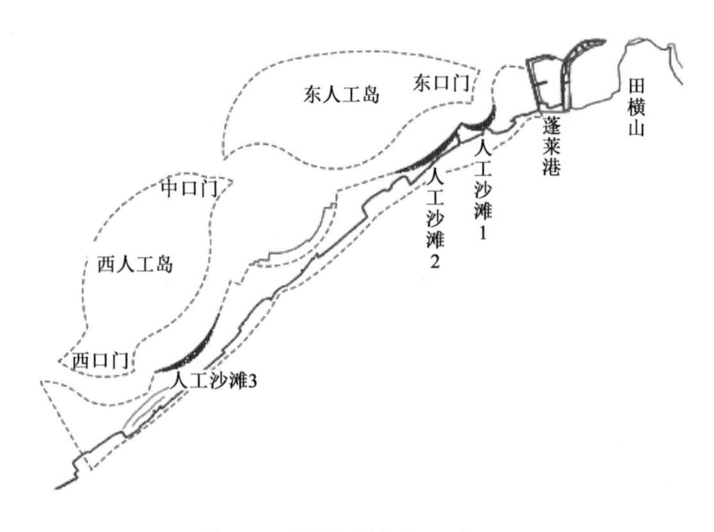

图 3.2-1　用海规划方案工程布置图

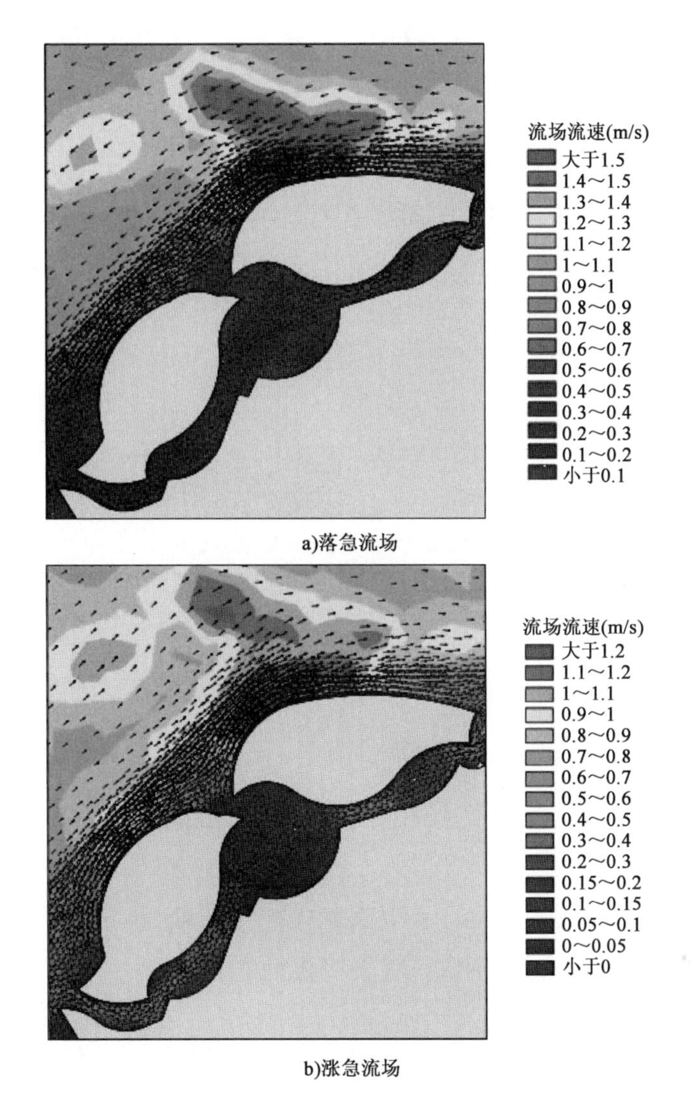

a)落急流场

b)涨急流场

图3.2-2　用海规划方案流场

(1)规划区外侧水域。

E向落潮流过蓬莱渔港西防波堤后,部分潮流向南偏转流入人工岛内海水域,过东口门后,潮流在东人工岛鸟脊中部顶冲东人工岛,随后水流开始扩散、脱离人工岛边缘,在东人工岛西部形成弱流区,随后与中口门出流汇合,流向SW向,西人工岛外缘鸟尾处潮流基本处于弱流区。

(2)人工岛内海水域。

人工岛内海水域落急流速(指垂线平均流速,下同)分布具有下述特征:①东口门段,落急流速最大为0.9m/s左右;②西口门段,落急最大流速为0.5m/s左右;③中口门落急时流速较小,基本在0.1m/s左右。

(3)人工岛北侧外海水域。

人工岛西侧涨潮流在西口门外侧基本为NE向,部分潮流向E偏转流入人工岛内海水域;

过西口门后，潮流在西人工岛鸟脊近尾翼处顶冲西人工岛，随后水流开始扩散、脱离人工岛边缘，虽然在两人工岛之间的中口门区潮流有所南偏，但潮流顶冲东人工岛百灵啄部后北偏，后至东人工岛北部转为 E 向流。

(4)人工岛内海水域。

人工岛内海水域潮流速分布具有下述特征：①东口门段，涨急最大流速为 0.8m/s 左右；②西口门段，涨急最大流速为 0.5m/s 左右；③中口门涨急时流速较小，基本在 0.15m/s 左右。

对用海规划方案各口门不同潮段进出潮量进行了统计，结果见表 3.2-1。从表中可以看出：内海水域平均潮位下水体体积约 $1900\times10^4m^3$。模拟计算表明：用海规划方案在落潮过程中，东口门进潮量 $1350\times10^4m^3$，西口门出潮量 $1357\times10^4m^3$，中口门出潮量 $150\times10^4m^3$，水体置换率约 79%；在涨潮过程中，西口门出潮量 $1016\times10^4m^3$，中口门出潮量 $187\times10^4m^3$，东口门出潮量 $66\times10^4m^3$，水体置换率约 35%。

用海规划方案口门进出潮量统计 表 3.2-1

项目	过潮量(10^4m^3)		
	西口门	中口门	东口门
第一个潮段(落潮)	-1357	-150	1350
第二个潮段(涨潮)	1016	-187	-66
第三个潮段(落潮)	-843	-2	774
第四个潮段(涨潮)	1248	-330	-880

3)概念性规划设计方案

图 3.2-3 为概念性规划设计方案工程布置图。人工沙滩向海坡度为 1:15，滩顶高程为 2.5m。概念性规划方案工程近区大潮涨落急流场模拟见图 3.2-4。

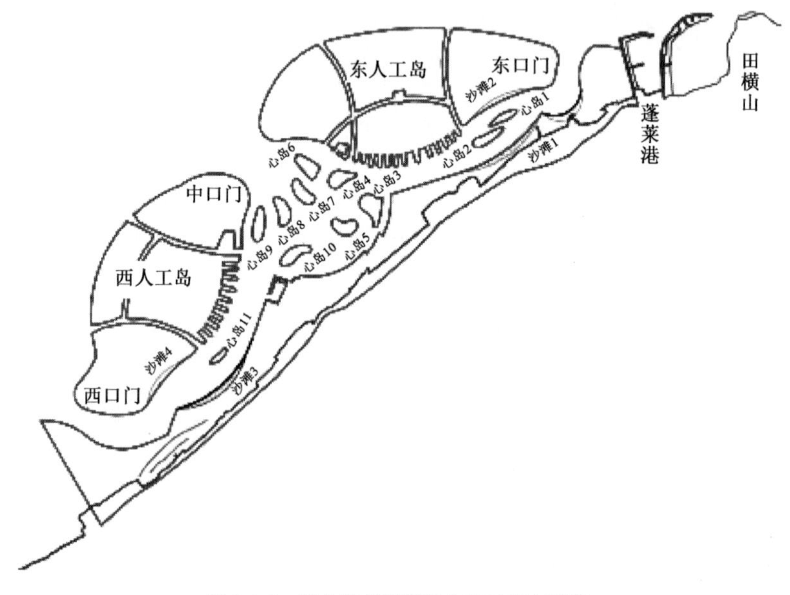

图 3.2-3　概念性规划设计方案工程布置图

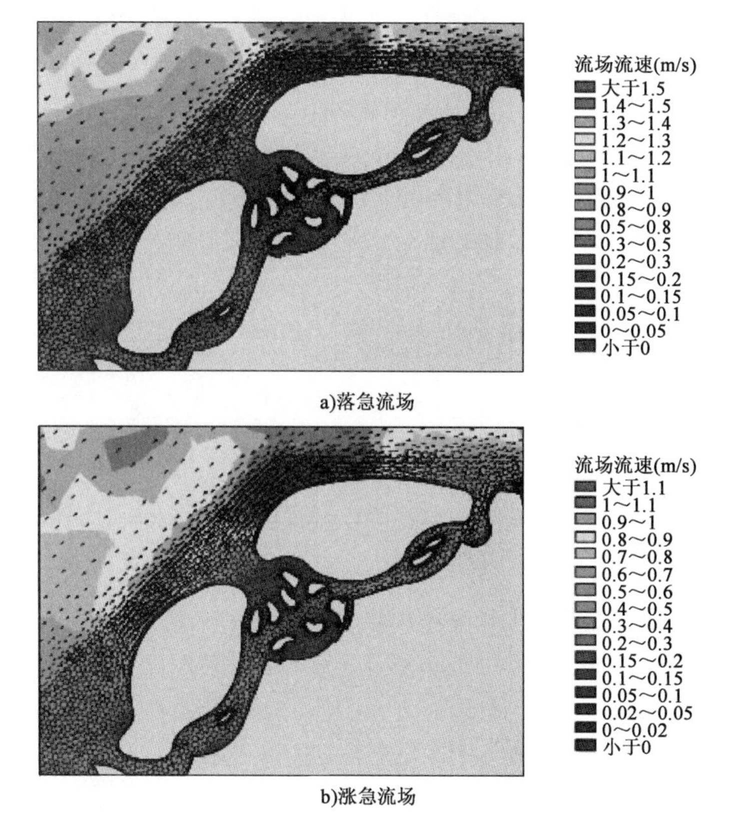

a)落急流场

b)涨急流场

图3.2-4　概念性规划设计方案涨急流场

(1)人工岛北侧海域。

落潮流过蓬莱渔港西防波堤后,部分潮流向南偏转流入人工岛内海水域,过东口门后,潮流在东人工岛鸟脊中部顶冲东人工岛,随后水流开始扩散、脱离人工岛边缘,在东人工岛西部形成弱流区,随后与中口门出流汇合,流向 SW 向,西人工岛外缘潮流基本处于弱流区。

(2)人工岛内海水域。

落急水流呈东口门进流,西口门、中口门出流的趋势。东人工岛与接岸工程狭窄处为大流速区,心岛水域流速较小。其中,东口门区落急最大流速为1.2m/s左右;西口门区落急最大流速为0.8m/s左右;中口门落急最大流速为0.2m/s左右;通道内部水域落急最大流速为0.5m/s左右。

(3)人工岛北侧海域。

规划区西侧涨潮流在西口门外侧基本为 NE 向,部分潮流向 E 向偏转流入人工岛内海水域,过西口门后,潮流在西人工岛鸟脊中部顶冲西人工岛,随后水流开始扩散、脱离人工岛边缘,虽然在两人工岛之间的中口门区潮流有所右偏,但潮流顶冲东人工岛百灵啄部后左偏,后至东人工岛北部转为 E 向流。

(4)人工岛内海水域。

涨急水流呈西口门进流,东口门、中口门出流的趋势。东口门区涨急最大流速为1.1m/s左右;西口门区涨急最大流速为0.7m/s左右;东人工岛与接岸工程控制最窄处,最大流速值为0.6m/s;中部水域受心岛阻挡流速较小。

表3.3-2为概念性规划设计方案各口门不同潮段进出潮量统计,可以看出:落潮过程中,东口门进潮量1662×$10^4$$m^3$,西口门出潮量1587×$10^4$$m^3$,中口门出潮量229×$10^4$$m^3$,内海水体置换率约95%。涨潮过程中,西口门进潮量1164×$10^4$$m^3$,中口门出潮量132×$10^4$$m^3$,东口门出潮量871×$10^4$$m^3$,内海水体置换率约58%。

概念性规划设计方案口门进出潮量统计 表3.2-2

项目	过潮量($10^4$$m^3$)		
	西口门	中口门	东口门
第一个潮段(落潮)	-1587	-229	1662
第二个潮段(涨潮)	1164	-132	-871
第三个潮段(落潮)	-956	-59	942
第四个潮段(涨潮)	1483	-283	-1162

4)概念性规划设计方案优化方案一

根据概念性规划设计方案和用海规划方案计算成果,对概念性规划设计方案进行优化调整,图3.2-5为概念性规划设计方案优化方案一工程布置示意图。具体优化措施包括:

去除心岛1、心岛2、心岛4、心岛6、心岛9、心岛11工程,使东、西口门进出流通畅。

加大东、西口门宽度,采用规划方案优化方案一接岸布置形式,以增大东、西口门的进出潮能力。

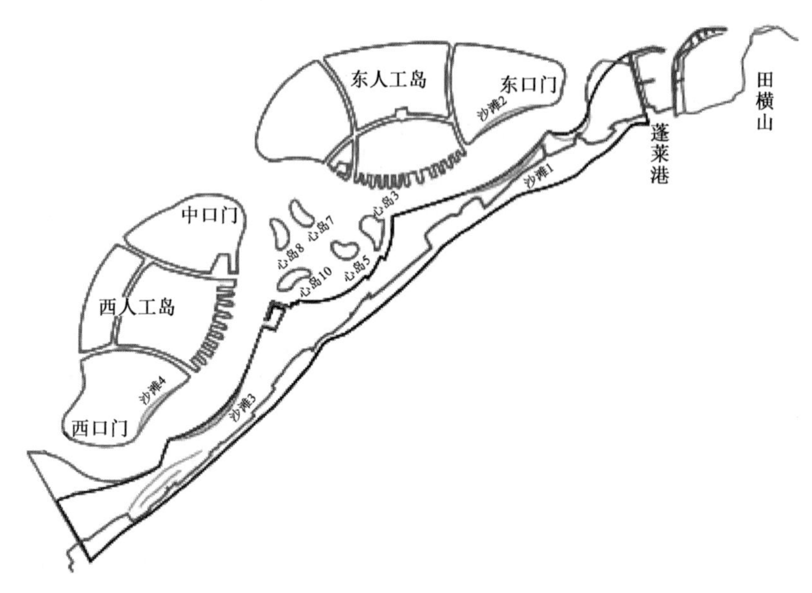

图3.2-5 概念性规划设计方案优化方案一工程布置图

图3.2-6为概念性规划设计方案优化方案一工程区大潮涨、落急流场。概念性规划设计方案优化方案一东、西口门人工岛内海水域水流与其外侧水流连接方式明显优于概念性规划设计方案,去掉6个心岛后,人工岛内海水域水流相对平顺。

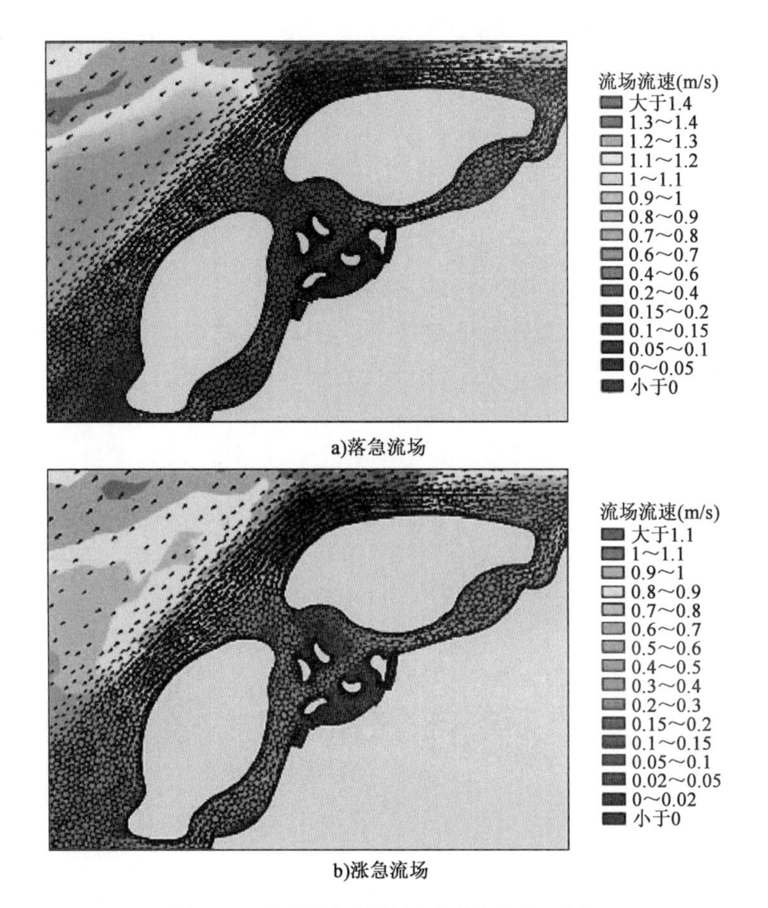

a)落急流场

b)涨急流场

图 3.2-6 概念性规划设计方案优化方案一流场

落急水流呈东口门进流,西口门、中口门出流的趋势。东口门区落急最大流速 1.1m/s 左右;西口门区落急最大流速为 0.7m/s 左右;中口门落急最大流速为 0.2m/s 左右;通道内部水域落急最大流速为 0.4m/s 左右。

涨急水流呈西口门进流,东口门、中口门出流的趋势。东口门区涨急最大流速为 1.1m/s 左右;西口门区涨急最大流速为 0.8m/s 左右;东人工岛与接岸工程控制最窄处,最大流速值为 0.8m/s;中部水域受心岛阻挡流速较小。

表 3.2-3 为概念性规划设计方案优化方案一方案各口门不同潮段进出潮量统计,东、西口门涨落潮工程量均大幅增加。

概念性规划设计方案优化方案一口门进出潮量统计 表 3.2-3

项目	过潮量(10^4m^3)		
	西口门	中口门	东口门
第一个潮段(落潮)	-1829	-443	2108
第二个潮段(涨潮)	1742	-519	-1051
第三个潮段(落潮)	-1097	-171	1190
第四个潮段(涨潮)	2106	-667	-1400

在落潮过程中,该方案内海水体落潮置换率为 120%,比概念性规划设计方案的 95% 增加 25%。

在涨潮过程中,该方案内海水体涨潮置换率约 83%,比概念性规划设计方案增大 25%。

5)概念性规划设计方案优化方案二

在上述方案研究初步成果完成后,经建设单位、设计单位、研究单位及施工单位交流会,形成概念性规划设计方案优化方案二(图 3.2-7)。概念性规划设计方案优化方案二与概念性规划设计方案区别主要有:减小了人工沙滩尺度;将水系内 11 座小岛减少为 3 座;增加、优化了停泊区布置;将前期接岸工程边线优化为弧线,其中人工沙滩向海坡度 1:15、滩顶高程为 2.5m。

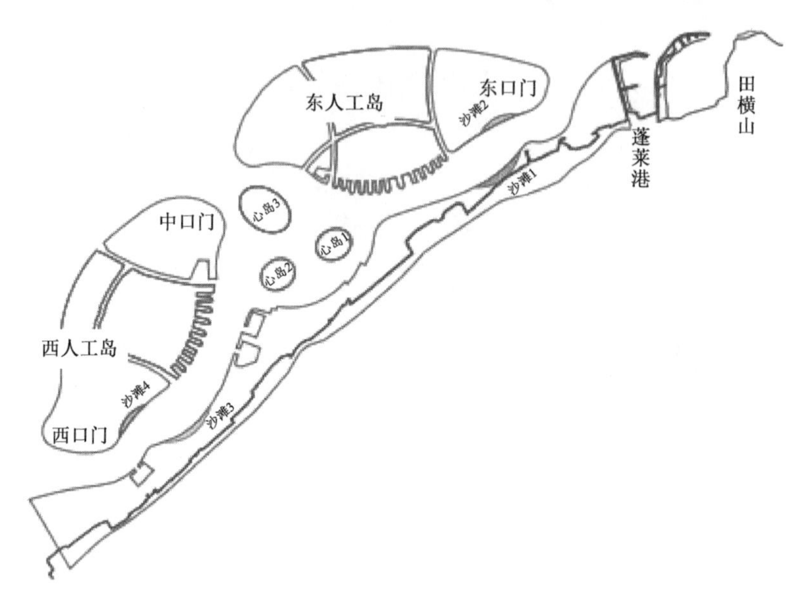

图 3.2-7　概念性规划设计方案优化方案二工程布置图

图 3.2-8 为概念性规划设计方案优化方案二工程区涨、落急流场。概念性规划设计方案优化方案二将中部环形水域心滩合并为 3 个心岛后,人工岛内海水域水流更加平顺。

落急水流呈东口门进流,西口门、中口门出流趋势,东口门→心岛 1 和心岛 3 间水域→西口门水路为潮流主通道。环形水域以东的东人工岛与近岸工程控制的通道流速明显较大,沿程最大流速介于 0.60 ~ 1.2m/s;环形水域以西的西人工岛与近岸工程控制的通道沿程最大流速介于 0.45 ~ 0.75m/s;中口门处流速较小,最大流速 0.30m/s。

涨急水流呈西口门进流,东口门、中口门出流趋势。西口门→心岛 1 和心岛 3 间水域→东口门水路为潮流主通道。东、西口门区均为大流速区,西口门最大流速为 0.9m/s、东口门最大流速为 1.0m/s;中口门流速较小,最大流速 0.20m/s。与概念性规划设计方案和概念性规划设计方案优化方案一相比,中部环形水域流速明显增加。

表 3.2-4 为概念性规划设计方案优化方案二各口门不同潮段潮段进出潮量统计,东、西口门涨、落潮潮通量均大幅增加。

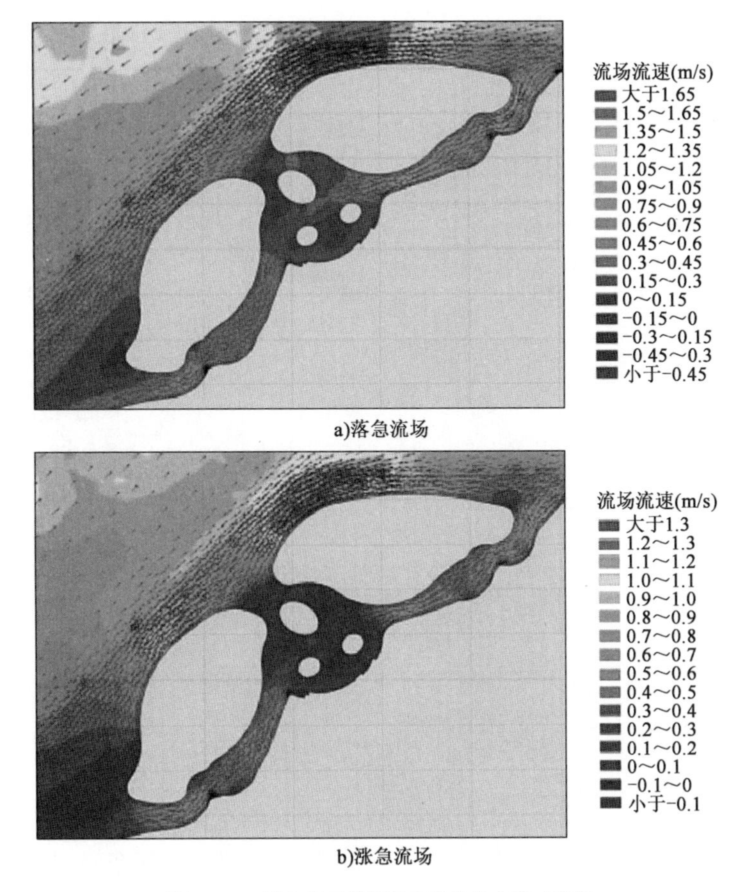

a)落急流场

b)涨急流场

图 3.2-8　概念性规划设计方案优化方案二流场

概念性规划设计方案优化方案一口门进出潮量统计　　表 3.2-4

项目	过潮量($10^4 m^3$)		
	西口门	中口门	东口门
第一个潮段(落潮)	-1787	-796	2430
第二个潮段(涨潮)	1762	-407	-1194
第三个潮段(落潮)	-1089	-351	1368
第四个潮段(涨潮)	2121	-491	-1593

概念性规划设计方案优化方案二内海水体体积 $1870 \times 10m^3$,在落潮过程中,该方案内海水体落潮置换率为 138%,比概念性规划设计方案优化方案一增加了 16%。在涨潮过程中,方案内海水体涨潮置换率约 86%,与概念性规划设计方案优化方案一相当。

6)工可推荐方案

图 3.2-9 为工可推荐方案工程区涨、落急流场。

落急水流呈东口门进流、西口门和中口门出流。环形水域以东的东人工岛与近岸工程控制的通道流速明显较大,沿程最大流速介于 0.75 ~ 1.05m/s;环形水域以西的西人工岛与近岸工程控制的通道沿程流速略小,其中西口门最大流速 0.75m/s;中口门处流速较小,最大流速 0.20m/s;心岛南侧最大流速 0.40m/s。

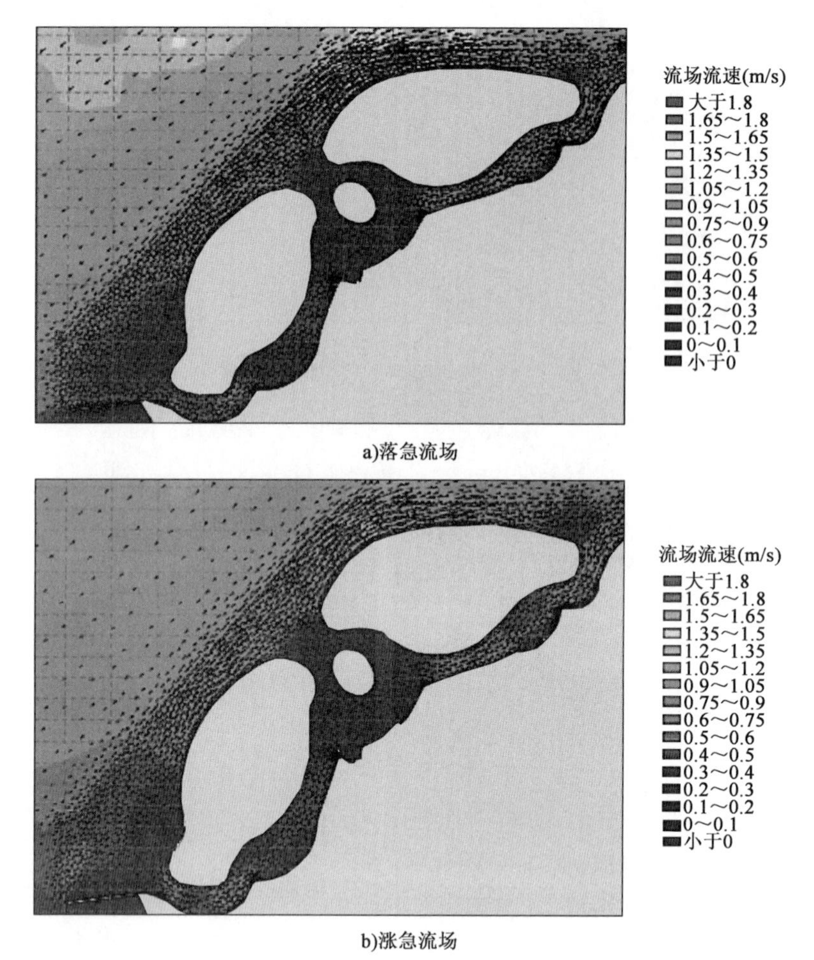

a)落急流场

b)涨急流场

图 3.2-9 工可推荐方案流场

涨急水流呈西口门进流、东口门和中口门出流。西口门最大流速为 0.6m/s;东口门最大流速为 1.05m/s;中口门流速较小,最大流速 0.20m/s。

表 3.2-5 为工可推荐方案各口门不同潮段潮段进出潮量统计,东、西口门涨落潮潮通量均大幅增加。

工可推荐方案口门进出潮量统计 表 3.2-5

项目	过潮量(10^4m^3)		
	西口门	中口门	东口门
第一个潮段(落潮)	-1889	-635	2376
第二个潮段(涨潮)	1439	-80	-1203
第三个潮段(落潮)	-1093	-313	1336
第四个潮段(涨潮)	1797	-153	-1608

工可推荐方案内海水体体积 $1780 \times 10^4 m^3$,在落潮过程中,该方案内海水体落潮置换率为142%;在涨潮过程中,该方案内海水体涨潮置换率约72%。

7)结论

(1)规划工程区内流速远小于域外海域,域内水深大,航行条件优良。

(2)概念规划方案优化研究表明东、西口门宽度窄阻水作用明显,水系中部11个岛屿处水域流态较乱,增大东、西口门及去掉其中6个心岛后的概念性规划设计方案优化方案一、心岛改为3个的概念性规划设计方案优化方案二,在一个日完整潮汐周期内,域内水体与域外水体能够全部交换。

(3)工可评审后会后,形成的工可推荐方案将水系内小岛合并为1座椭圆形心岛、将中部环形水域接岸工程向海域推进200m、东部接岸工程与京鲁船业设计防波堤弧形连接。域内航行条件满足通航要求,在一个日完整潮汐周期内,域内水体与域外水体能够全部交换。

3.2.2 定床物理模型研究成果

采用平面比尺1:350,垂直比尺1:100潮流定床整体物理模型对蓬莱西海岸海洋文化旅游产业聚集区区域用海工程海域潮流场进行试验研究,分析了推荐方案工况下拟建工程海域潮流场特性,试验主要成果如下。

1)方案一

(1)整体潮流场分布特征。

采用3.1.2节所述优化平面方案一作为计算方案。

由该方案的落急潮流场可知,工程实施后,同天然情况下相比,整体潮流场分布趋势变化不大。但由于人工岛缩窄了庙岛海峡过流宽度,南长山岛以西落潮潮流流向稍向NW方向偏转;人工岛外海边线附近海域流速有所减小,减小范围距岛外边线约1km;岛身1~2.1km处外海流速略有增加。

自蓬莱渔港折向SW方向的大部分落潮潮流进入东口门,主流沿心岛1、心岛3流出中口门,部分进入人工岛掩护水域B区形成缓流及环流区。

落潮潮流受东人工岛挑流作用,在西人工岛西南海域形成一较大范围逆时针环流,落急时刻环流中心点距西人工岛尾部约1.2km。环流顶部与西人工岛中部位置平齐,底部处于栾家口码头与岸线之间。环流部分水体沿西口门进入人工岛掩护水域与东口门入流汇于心岛之间,形成弱流区。

由该方案的涨急潮流场可知,工程实施后,同天然情况下相比,外海整体潮流分布趋势变化不大。由于人工岛缩窄了庙岛海峡过流宽度,南长山岛以南涨潮潮流流向稍向NE方向偏转;人工岛外海边线附近海域流速有所增大,影响范围距岛外边线约1.5km。

西人工岛尾部潮流流向向N偏转,流速有所减小,影响范围距岛外边线约0.7km;西人工岛中部至东人工岛中部涨潮潮流流速有所增大,流向变化不大,流速变化影响范围约1.7km;

东人工岛尾端近蓬莱军港潮流流向向 SE 偏转,影响范围距军港导堤堤头约 1km,流速增加的影响范围约距堤头 2km。潮流自西口门进入岛内掩护水域,主流沿心岛 3 和心岛 1、心岛 2 之间的通道进入 C 区,自东口门流出。中口门自外海有部分潮流汇入,沿心岛 3 和东人工岛之间的通道进入 C 区,流速较小。

(2)工程局部特征点分析。

为了解潮流涨落过程中人工岛掩护水域内各个口门和通道的水流运动特性,模型在工程区域选取了 24 个特征点,对这些特征点的流速流向进行了观测。特征点布置及潮流流速矢量见图 3.2-10。

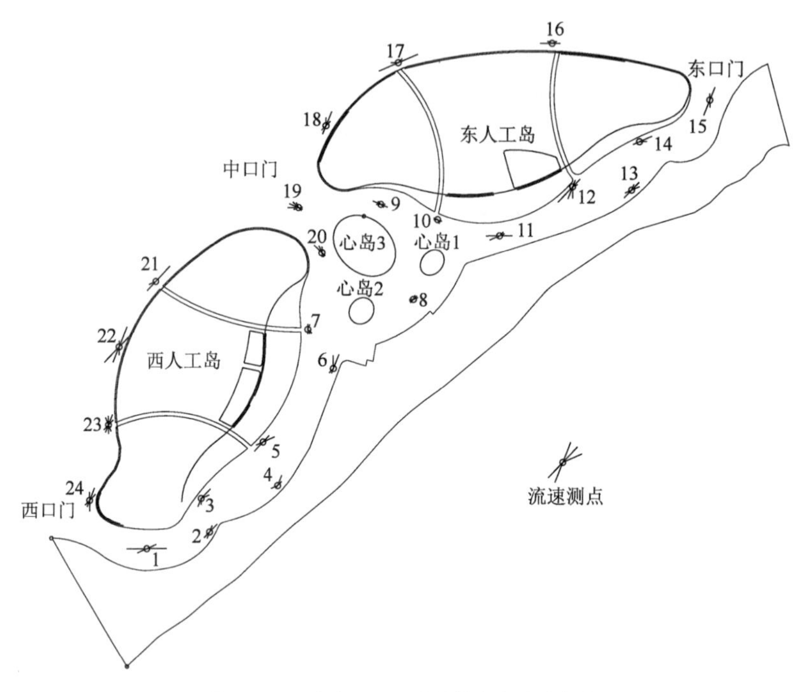

图 3.2-10　方案一工程海域特征点流速矢量

从图 3.2-10 可以看出,总体上大部分时刻潮流自西口门进入岛内掩护水体,沿心岛 3 和心岛 1、心岛 2 之间的通道,从东口门流出。从东口门进入岛内掩护水体的时刻较少。中口门除个别时刻进流外,绝大部分时间基本上为出流或者环流。

西人工岛外侧特征点基本为往复流,工程后涨落潮流速均有所减小,涨潮流速大于落潮流速;涨、落潮最大流速均在 21 号点,最大涨潮流速为 0.84m/s,较工程前减小 0.02m/s,最大落潮流速为 0.30m/s,较工程前减小 0.13m/s。

东人工岛头部 18 号点涨潮流大于落潮流,17 号、16 号测点落潮流大于涨潮流,涨、落潮最大流速均在 17 号点,最大涨潮流速为 1.07m/s,较工程前增大 0.24m/s,最大落潮流速为 1.26m/s,较工程前减小 0.04m/s。

①人工岛口门潮流特征点特性。

西口门 1 号点基本为往复流,流向 W-E,涨潮流速大于落潮流速,涨潮最大流速为

0.53m/s,较工程前减小0.03m/s,落潮最大流速为0.44m/s,较工程前减小0.02m/s。

中口门19号点为旋转流,工程后涨落潮流速明显减小,涨潮最大流速为0.29m/s,较工程前减小0.82m/s,落潮最大流速为0.28m/s,较工程前减小0.5m/s。

东口门15号点为往复流,流向NE-SW,工程后涨落潮流速均有所增大,涨潮最大流速为0.93m/s,较工程前增大0.13m/s,落潮最大流速为0.89m/s,较工程前增大0.36m/s。

②人工岛B区潮流特征点特性。

B区为三个口门通向人工岛内部掩护水体,进出潮通道所组成的区域,包含8号、9号和20号测点,三个测点均为旋转流,工程后流速明显减小。其中,20号测点涨落潮流速最大,涨潮最大流速为0.35m/s,较工程前减小0.44m/s,落潮最大流速为0.37m/s,较工程前减小0.66m/s。8号测点所在水域基本上为弱流区和环流区,流速很小,涨落潮最大流速均不超过0.29m/s。

③游艇码头潮流特征点特性。

游艇码头潮流特征点为2号、5号、6号、7号、10号、12号。

从图可以看出,2号、5号、6号、12号进出码头口门与潮流流向基本垂直,流速最大为0.88m/s,游艇入港靠泊较为危险。

④沙滩潮流特征点特性。

人工岛海域拟建4处人工沙滩。其中,沙滩1、沙滩3、沙滩4水流条件较好,涨落潮基本为往复流,没有不良流态,最大涨落潮流速均不超过0.49m/s。沙滩2涨落潮流速较大,最大落潮流速0.92m/s,最大涨潮流速0.74m/s。

(3)人工岛内部通道局部流场分析。

为了解涨落潮段人工岛内部通道潮流运动,模型施测了落初、落急、落末及涨初、涨急、涨末人工岛局部流场。

落潮初期,外海落潮潮流自蓬莱渔港导堤部分折入东口门,顶冲沙滩1东侧凸嘴;水流经过码头5与对岸凸嘴形成的卡口后,主流被心岛1分流成3股进入3个通道,通道1为心岛1与规划岸线、通道2为心岛1与心岛3之间,通道3为心岛3与东人工岛内侧边线之间,其中通道2水流较为集中,流速较大。通道3内水流流出中口门汇入外海落潮流,通道1与通道2水流在心岛2后汇成一股自西口门流出。

落急时刻,外海落潮潮流自蓬莱渔港导堤部分折入东口门,口门处潮流流向略偏向SE,水流与C区通道夹角变小,在沙滩1及沙滩北侧凹岸形成两处环流;水流经过码头5与对岸凸嘴形成的卡口后,主流与落潮初期相比,主流更加偏向通道3,通道3内流速加大,通道2内流速减小,通道1流速很小,形成弱流区、环流区。与落潮初期相比,通道2、通道3内水流流向与中口门夹角接近垂直,且流速增大,中口门过流量增大;通道1及通道2内少部分水流向通道A。同时,在西口门,受西人工岛尾部环流影响,部分水流开始进入西口门。两股相反的水流在沙滩5附近汇合。

外海落潮末期,西人工岛附近水域已开始涨潮。涨潮潮流受西人工岛影响,分流成两部分,一部分沿岛身流入外海,另一部分顺西口门的 A 通道进入岛内掩护水体。水流出 A 通道后,主流遇心岛 2 分流成两股,大部分进入心岛 2、心岛 3 和西人工岛岛头内侧岸线通道,同时被心岛 2、心岛 3 分成两股,小部分进入外海,大部分水流沿心岛 3 和心岛 1、心岛 2 之间的通道流向 C 通道,受东人工岛码头 5 附近建筑物顶冲,小部分水流沿东人工岛岛头内侧流入外海,主流进入 C 通道流出东口门。

外海涨潮初期,与外海落潮末期时刻相比,岛内水体的潮流运动趋势较为相似,略有不同的是心岛 1、心岛 2 和规划岸线之间通道的水体流速略有增大,同时进入 C 通道的潮流流速也有所增大。

外海涨急时刻,与涨潮初期相比,岛内水体的潮流运动趋势较为相似。略有不同的是进入西口门的潮流流向基本与西口门平行,部分潮流遇东人工岛鱼嘴后在心岛 3 与东人工岛岛头内侧岸线之间形成环流,中口门出流量有所减小。

外海涨潮末期,进入西口门的潮流流速有所减小。潮流出 A 通道后,受心岛 3 顶冲,在心岛 3 和西人工岛岛头内侧形成环流,同时心岛 1、心岛 2 与东侧规划岸线之间基本上均为环流区。进入 C 通道的潮流流速明显减小,东口门出流量减小。

(4)口门过潮量分析。

落潮时段,人工岛进潮总量为 $1825.2\times10^4m^3$,主要进流的口门为东口门,进流量达到 $1616.5\times10^4m^3$,占进流总量的 88.6%。主要出流的口门为中口门,出流量达到 $1616.5\times10^4m^3$,占出流总量的 88.6%。中口门的出流量约为西口门的 2 倍。

涨潮时段,人工岛进潮总量为 $1988.9\times10^4m^3$,东口门出流量约为 $691\times10^4m^3$,西口门出流量约为 $582\times10^4m^3$。东口门出流能力略强。

整个涨落潮时段,人工岛内进出潮比例达 94.3%,岛内水体能够完成较好的置换。

2)*方案二*

(1)整体潮流场分布特征。

由该方案的落急潮流场可知,工程实施后,同天然情况下相比,整体潮流场分布趋势变化不大。同样由于人工岛缩窄了庙岛海峡过流宽度,南长山岛以西落潮潮流流向稍向 NW 方向偏转;人工岛外海边线附近海域流速有所减小,减小范围距岛外边线约 1km;岛身 1 ~ 2.1km 处外海流速略有增加。

自蓬莱渔港折向 SW 方向的部分落潮潮流由东口门进入人工岛掩护水域内,主流经心岛与岸之间通道流入 A 区,自西口门流出,少部分潮流经心岛与两侧人工岛间通道由中口门流出,流速较小,中口门的出流与岛外落潮潮流相汇,在中口门附近形成小范围弱流区。落潮潮流受东人工岛挑流作用,在西人工岛岛尾以西约 700m 海域形成一逆时针回流,回流区流顶部与西人工岛中部位置平齐,底部与岛尾齐平。

由该方案的涨急潮流场可知,工程实施后,同天然情况下相比,外海整体潮流分布趋势变化不大。南长山岛以南涨潮潮流稍向 NE 方向偏转;人工岛外海边线附近海域流速有所增大,影响范围距岛外边线约 1km。

西人工岛尾部潮流流向向 N 偏转,流速有所减小,影响范围距岛外边线约 0.7km;涨潮潮流自西口门进入岛内掩护水域,主流沿心岛和岸之间的通道进入 C 区,自东口门流出。中口门自外海有部分潮流汇入,沿心岛和东人工岛之间的通道进入 C 区,流速较小。西人工岛中部至东人工岛中部涨潮潮流流速有所增大,流向变化不大,东人工岛尾以北约 0.9km 范围形成一顺时针回流区。

(2)工程局部特征点分析。

方案二工程海域特征点布置及潮流流速矢量见图 3.2-11。从图中可以看出,涨落潮潮流主要通过东、西两个口门进出岛内掩护水体,中口门除个别时刻进流外,绝大部分时间基本上为出流或者环流。

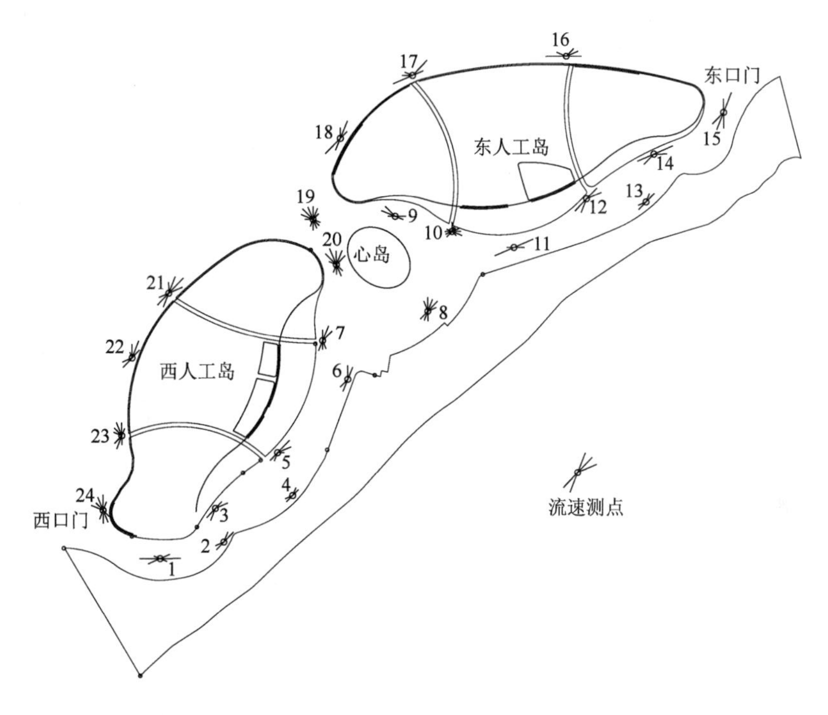

图 3.2-11 方案二工程海域特征点流速矢量

①人工岛外边线潮流特征点特性。

西人工岛外侧特征点基本为往复流,工程后涨、落潮流速均有所减小;涨、落潮最大流速均在 21 号点,最大涨潮流速为 0.84m/s,较工程前减小 0.02m/s;最大落潮流速为 0.79m/s,较工程前减小 0.13m/s。

东人工岛外侧测点涨潮流大于落潮流,涨、落潮最大流速均在 17 号点,最大涨潮流速为 0.88m/s,较工程前增大 0.04m/s;最大落潮流速为 1m/s,较工程前减小 0.3m/s。

②人工岛口门潮流特征点特性。

西口门 1 号点基本为往复流,流向 W-E,涨潮流速大于落潮流速,涨潮最大流速为 0.47m/s,较工程前减小 0.09m/s;落潮最大流速为 0.38m/s,较工程前减小 0.08m/s。

中口门 19 号点为旋转流,工程后涨落潮流速明显减小,最大涨潮流速为 0.32m/s,较工程前减小 0.46m/s;最大落潮流速为 28m/s,较工程前减小 0. 83m/s。

东口门 15 号点为往复流,工程后流向转为 NE-SW 向,涨、落潮流速均有所增大,落潮流速大于涨潮流速。最大涨潮流速为 0.87m/s,较工程前增大 0.07m/s,最大落潮流速为 0.92m/s,较工程前减小 0. 38m/s。

③人工岛 B 区潮流特征点特性。

B 区为三个口门通向人工岛内部掩护水体,进出潮通道所组成的区域,包含 8 号、9 号和 20 号测点,三个测点均为旋转流。涨潮时,20 号测点出流较大,流速最大为 0.26m/s;落潮时,9 号测点出流较大,流速最大为 0.28m/s。8 号测点所在水域基本上为弱流区和环流区,流速很小,涨落潮最大流速均不超过 0.21m/s。

④游艇码头潮流特征点特性。

游艇码头潮流特征点为 2 号、5 号、6 号、7 号、10 号、12 号。

从图可以看出,2 号、5 号、6 号、12 号进出码头口门与潮流流向基本垂直,流速较大,其中 12 号测点最大落潮流速达 0.89m/s,游艇入港靠泊较为危险。

⑤沙滩潮流特征点特性。

人工岛海域拟建 4 处人工沙滩。其中,沙滩 1、沙滩 3、沙滩 4 水流条件较好,涨落潮基本为往复流,没有不良流态,最大涨落潮流速均不超过 0.49m/s。沙滩 2 涨落潮流速较大,最大落潮流速 0.95m/s,最大涨潮流速 0.73m/s。

(3)人工岛内部通道局部流场分析。

为了解涨落潮段人工岛内部通道潮流运动,模型施测了落初、落急、落末及涨初、涨急、涨末人工岛局部流场。

落潮初期,外海落潮潮流自蓬莱渔港导堤部分折入东口门,顶冲沙滩 1 东侧凸嘴;水流经过码头 5 与对岸凸嘴形成的卡口后,主流经心岛与岸之间通道到达 A 区,最终由西口门流出;另一小部分水流经心岛与东人工岛之间通道流向中口门;此外,有部分落潮潮流由中口门流入,经心岛与西人工岛之间通道汇入 A 区。

落急时刻,外海落潮潮流自蓬莱渔港导堤部分折入东口门,口门处潮流流向略偏向 SE,在沙滩 1 附近区域形成环流;水流经过码头 5 与对岸凸嘴形成的卡口后,主流与落潮初期相比,B 区形成弱流区、环流区,部分水流绕过心岛,经心岛与东、西人工岛之间通道流向中口门,中口门出流量增大。

外海落潮末期,西人工岛附近水域已开始涨潮。涨潮潮流受西人工岛影响,分流成两部分,一部分沿岛身流入外海,另一部分顺西口门的 A 通道进入岛内掩护水体。水流出 A 通道后,主流遇心岛分流成两股,大部分经 B 区流入 C 区,最终由东口门流出;小部分经心岛与西人工岛之间通道流向中口门。

涨潮初期,经防波堤折向 W 向的部分潮流通过西口门进入岛内掩护水体,主流流经 B 区时有小部分水流由心岛与西人工岛之间通道流向中口门,大部分水流流向 A 区,最终由东口门流出，此外，中口门有少量水流流入，经心岛与东人工岛之间通道汇入B区。

涨急时刻，与涨潮初期相比，岛内水体的潮流运动趋势较为相似。略有不同的是码头3的挑流作用明显，B区近岸区域形成环流区。主流经过B区时，部分水流通过心岛与东人工岛之间通道流向中口门，中口门出流量有所增大。

外海涨潮末期，进入西口门的潮流流速有所减小。潮流出A通道后，受心岛顶冲，在心岛和西人工岛岛头内侧形成环流，进入C通道的潮流流速明显减小，东口门出流量减小。

(4)口门过潮量分析。

落潮时段，人工岛进潮总量为 $1858.4\times10^4m^3$，由东口门进流。出潮总量为 $2384.7\times10^4m^3$，其中西口门出潮量为 $1261.6\times10^4m^3$，占出潮总量的52.9%。中口门出潮量为 $1123.1\times10^4m^3$，占出潮总量的47.1%。

涨潮时段，人工岛进潮总量为 $1985.4\times10^4m^3$，西口门进潮量为 $1840.4\times10^4m^3$，占进潮总量的92.7%。东口门出流量约为 $1476.9\times10^4m^3$，占出潮总量的91.2%。

整个涨落潮时段，人工岛内进出潮比例达96%，岛内水体能够完成较好的置换。

3.2.3　波浪数值模拟研究成果

1)工程建设后波浪要素计算

报告基于工程海域的实测风、浪条件分析工程海域波浪条件，采用SWAN模型和BW模型模拟计算工程区波浪设计要素。

根据工程可行性研究及潮流数学模型中的研究方案，波浪模拟研究共研究2个平面设计方案，即方案一(概念性规划设计方案优化方案二)和方案二(工可推荐方案)。

(1)方案一。

利用验证后的波浪数学模型，对影响工程水域的3个主要波向(W、NW、NE)、3个不同设计水位(极端高水位、设计高水位、设计低水位)、3种波浪重现期(50年一遇、10年一遇、2年一遇)组合进行工程水域大范围波浪传播变形计算，提供工程区50年一遇和10年一遇的设计波浪要素。

根据工程建设后的设计波浪要素计算结果汇总可知，不同水位和重现期条件下，各测点的波高变化规律一致，具体为：西侧人工岛11号测点处在NW向浪入射时的有效波高最大，最大有效波高达4.1m(极端高水位50年一遇)；东侧人工岛18号~20号测点处在NE向浪入射时的有效波高最大，有效波高达3.2m(20号测点，极端高水位50年一遇)；中间口门至圆形观景处14号~17号测点处主要受W向和NW向浪作用，其中观景处东侧16号测点处主要受W向浪作用，最大有效波高达1.5m，西侧14号测点处主要受NW向浪作用，最大有效波高为0.9m。在人工岛内侧13号和18号测点处受掩护较好，有效波高均小于1.0m。

(2)方案二。

为进一步对优化方案的平面布置规划进行优化，将西侧口门缩窄，两座人工岛中间的小岛由优化方案的3座减少至1座岛，圆形观景处的回填向海侧延伸了150m。主要针对工可推荐方案(方案二)进行工程建设后的设计波浪要素计算。

根据工程建设后的设计波浪要素计算结果汇总可知,不同水位和重现期条件下,各测点的波高变化规律与方案一相一致,由于工可推荐方案西侧口门处缩窄,因此在NW向浪和W向浪入射时,西侧口门处的11号、12号测点有效波高相对于方案一略微减小,其他位置处的波高与方案一基本一致。具体为:西侧人工岛11号测点处在NW向浪入射时的有效波高最大,最大有效波高达3.9m(极端高水位50年一遇);东侧人工岛19号、20号测点处在NE向浪入射时的有效波高最大,有效波高达3.2m(20号测点,极端高水位50年一遇);中间口门小岛东侧16号测点处主要受W向浪作用,最大有效波高达1.5m,小岛西侧14号测点处主要受NW向浪作用,最大有效波高为0.9m。在人工岛内侧13号和18号测点以及靠近观景处的15号、17号处受掩护较好,有效波高均小于1.0m。

2)工程对登州浅滩波浪的影响

为了研究工程建设是否对登州浅滩附近海域的波浪产生影响,对比了工程前后在设计高水位、50年一遇NW和NE向浪作用下登州浅滩附近的波浪变化。

根据对比结果可知,工程前后登州浅滩附近海域的有效波高分布并无明显差异,因此认为蓬莱工程方案的实施对登州浅滩附近海域的波浪影响较小。

3.2.4 泥沙数值模拟研究成果

根据前述分析,工程海域泥沙运动当以悬移质泥沙运动为主,本研究采用Mike21 Mud Transport模型进行工程海域含沙量及海床变形计算分析。

本次泥沙数学模型计算,在潮流模型计算方案的基础上进行了以下两种工况方案的计算:

(1)方案一,西口门处陆域边界调整为西侧船厂用海批复边界;中部小岛由三个整合为一个,陆域向海有所延伸。

(2)方案二,概念性规划设计方案优化方案二,即潮流模型的推荐方案。

根据实测资料分析,可知本次实测大潮和小潮的潮流规律相同,且大潮流速稍大于小潮流速,大潮含沙量稍大于小潮含沙量。因此,在以下小风天和大风天工程海域含沙量场及大风天海床变形分析中,以大潮为代表潮型进行计算分析。

在常年变形分析中,结合潮汐表,利用实测的潮位过程作校核,计算分析出连续15日的潮位过程作为海床常年变形分析中的基本时段单元。

根据蓬莱海洋站2006—2010年的风资料及北隍城测波站2006—2010年的波浪资料,结合波浪数学模型的计算分析,可知对本工程区有较大影响的主要为NW向风,主要浪向为NW向浪。因此,大风天泥沙模型计算,风向为NW向,风况为8级,模拟8级大风作用24小时情况下工程实施前后周边海域的含沙量及海床变化情况。

1)小风天含沙量分析

图3.2-12~图3.2-15为工程海域方案一条件下小风天涨、落急含沙量场分布图;图3.2-16~图3.2-19为方案二条件下小风天涨、落急含沙量场分布图。

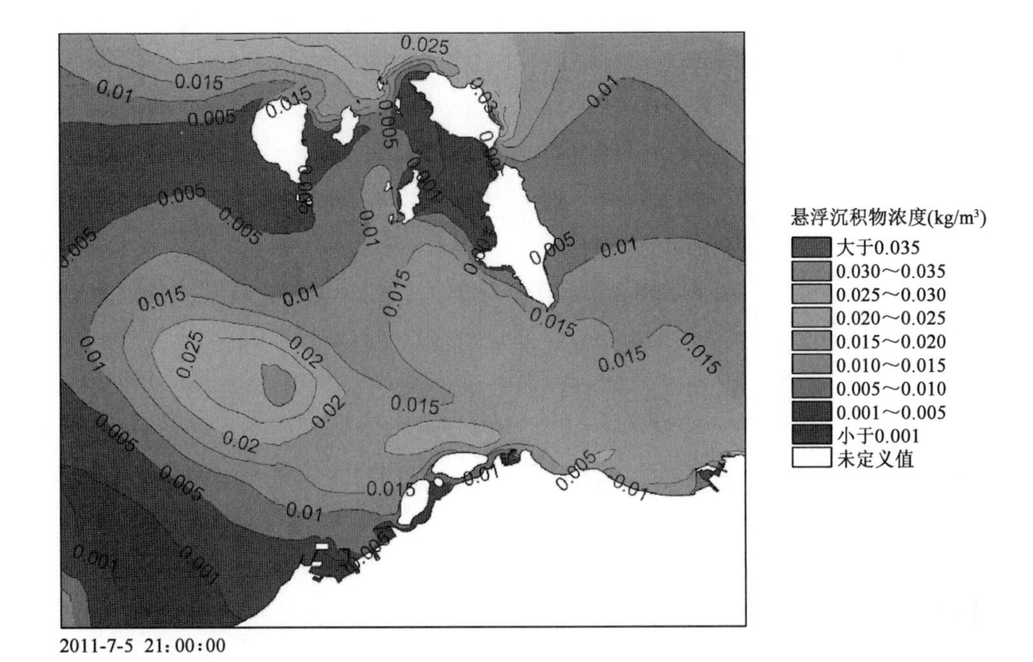

图 3.2-12 方案一海域涨急含沙量场

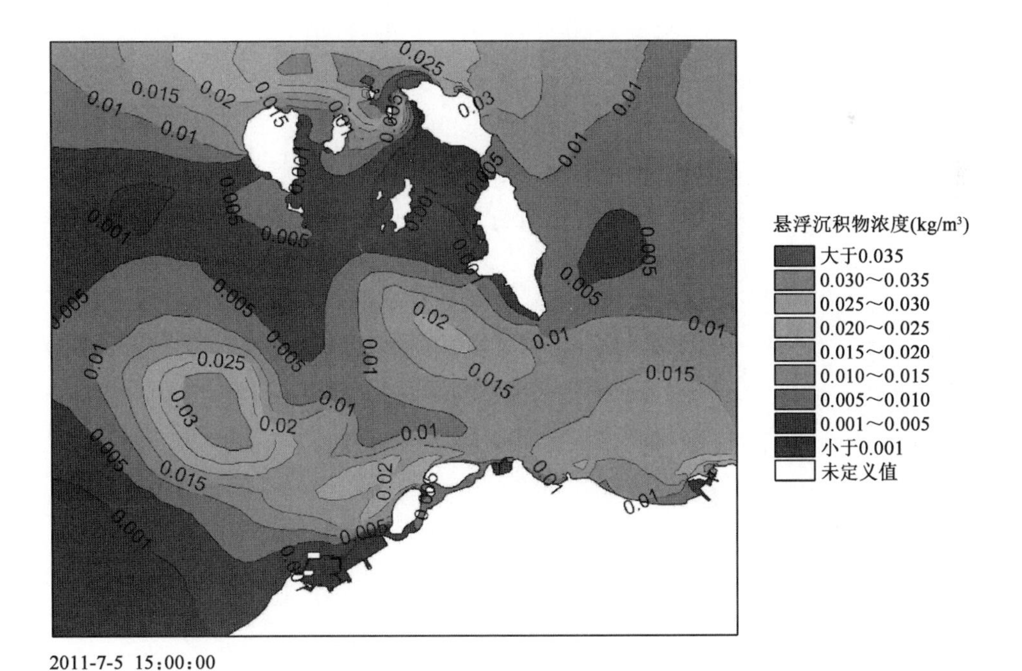

图 3.2-13 方案一海域落急含沙量场

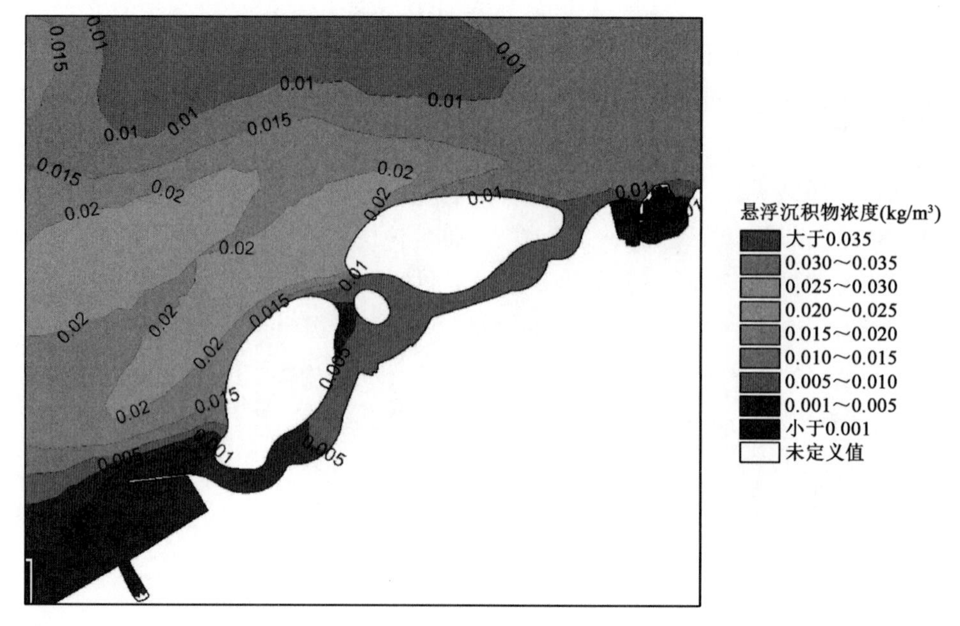

图 3.2-14　方案一工程区涨急含沙量场

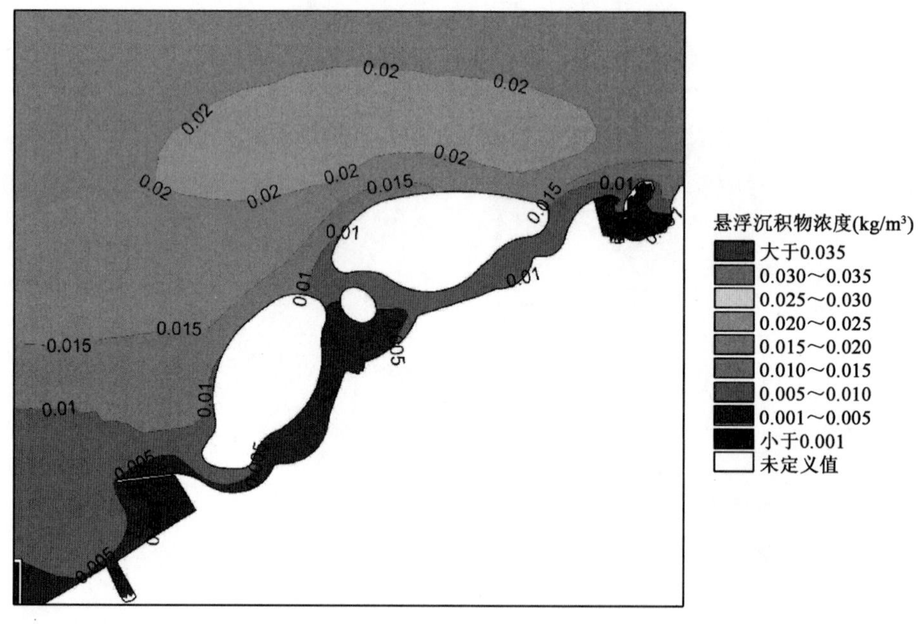

图 3.2-15　方案一工程区落急含沙量场

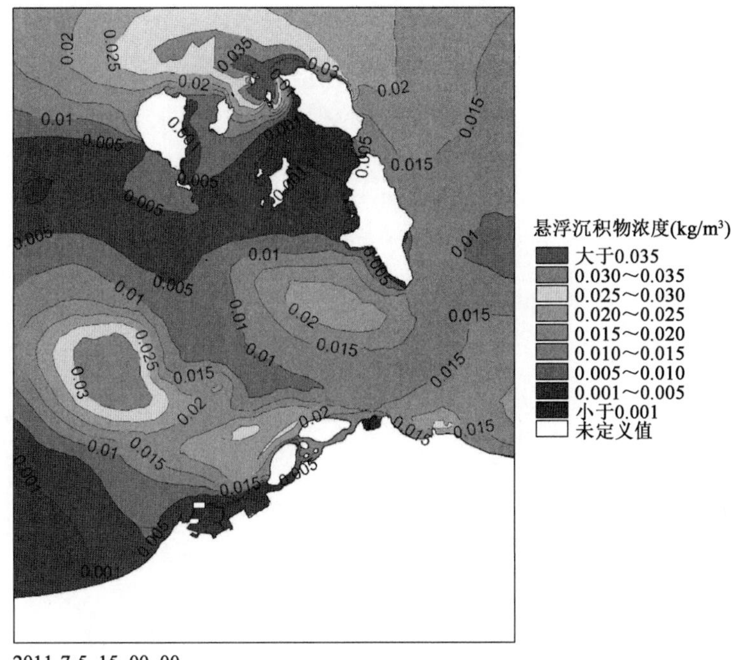

图 3.2-16　方案二海域涨急含沙量场

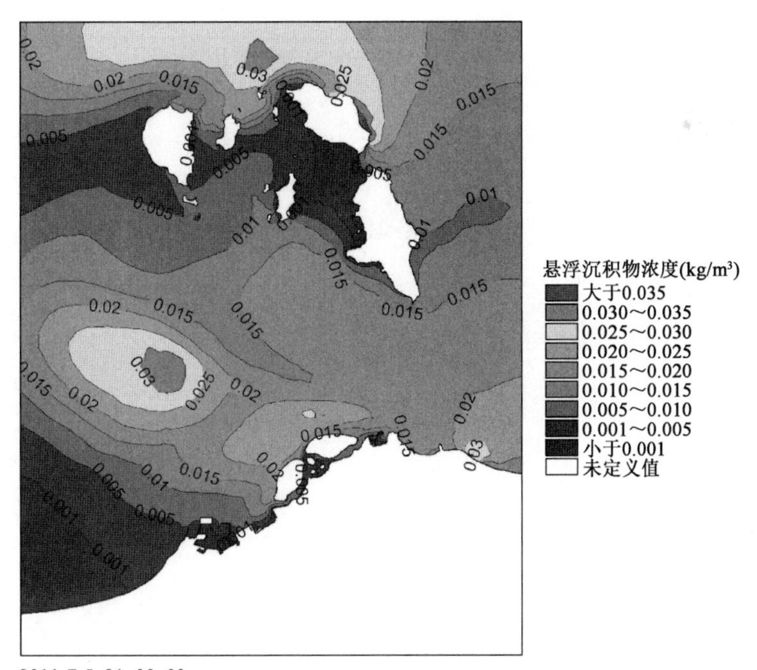

图 3.2-17　方案二海域落急含沙量场

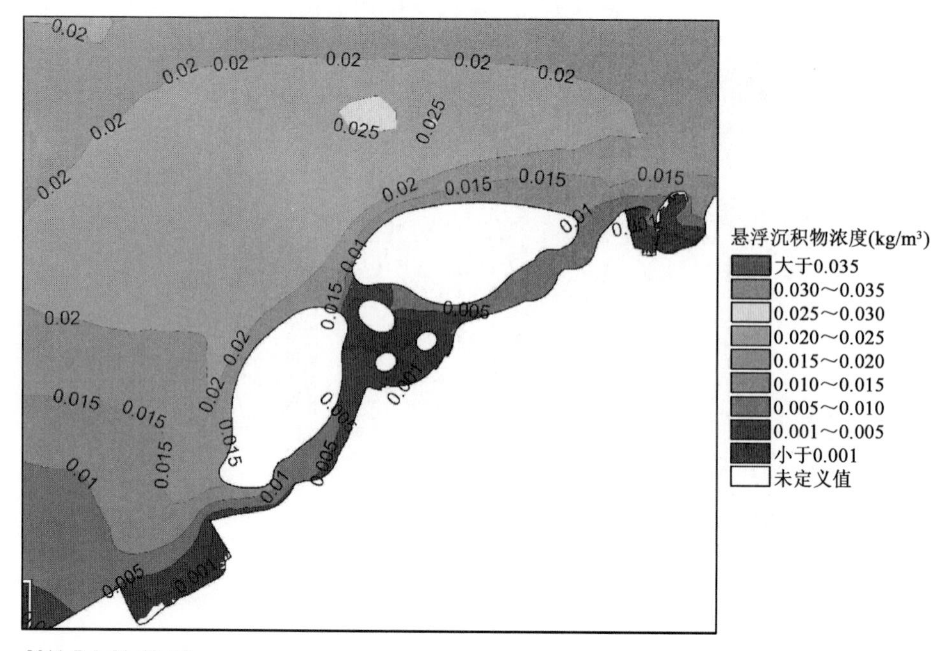

图 3.2-18　方案二工程区涨急含沙量场

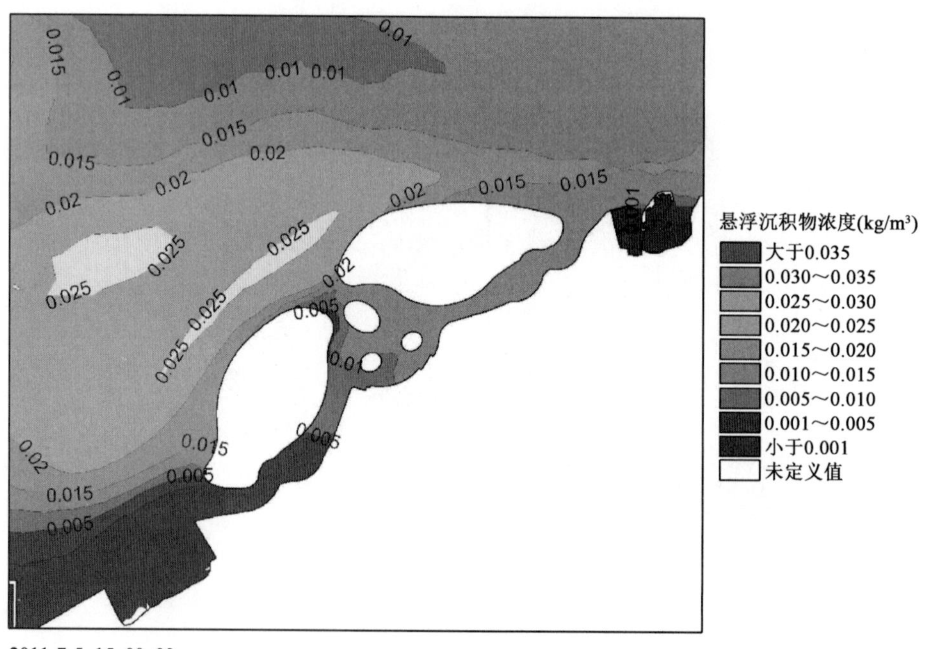

图 3.2-19　方案二工程区落急含沙量场

(1)方案一。

①受人工岛掩护,内海水域含沙量较人工岛以北外海水域含沙量有所减小;登州浅滩处含沙量大于登州水道含沙量;工程区落急含沙量稍大于涨急含沙量。

②登州浅滩水域含沙量在0.01~0.035kg/m³;登州水道含沙量在0.01~0.02kg/m³;工程区,人工岛北侧外海水域含沙量在0.01~0.025kg/m³,内海水域含沙量在0.001~0.01kg/m³。

③相比而言,人工岛北侧外海水域含沙量场分布与优化方案和规划方案相当;内海水域含沙量场与规划方案相当。

(2)方案二。

①受人工岛掩护,内海水域含沙量较人工岛以北外海水域含沙量有所减小;登州浅滩处含沙量大于登州水道含沙量;工程区落急含沙量稍大于涨急含沙量。

②登州浅滩水域含沙量在0.01~0.035kg/m³;登州水道含沙量在0.01~0.02kg/m³;工程区,人工岛北侧外海水域含沙量在0.01~0.025kg/m³,内海水域含沙量在0.001~0.015kg/m³。

③与规划相比,人工岛北侧外海水域含沙量场分布与规划方案相当;内海水域含沙量场较规划方案稍大。

2)大风天含沙量分析

本次大风天含沙量场计算,以实测大潮过程为基础,计算对工程区最不利影响的NW风作用24h的海域含沙量场。

图3.2-20~图3.2-23为方案一下NW向大风天的海域涨、落急含沙量场分布图;图3.2-24~图3.2-27为方案二下NW向大风天的海域涨、落急含沙量场分布图。

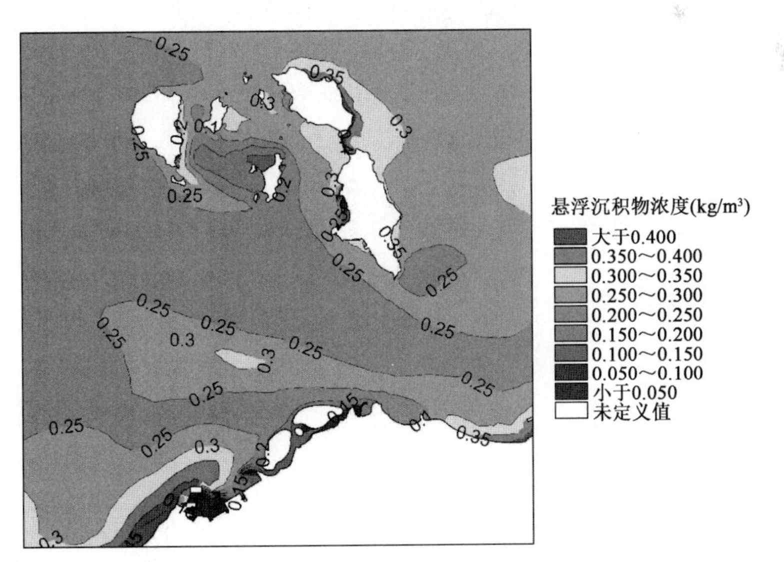

图3.2-20 方案一海域涨急含沙量场

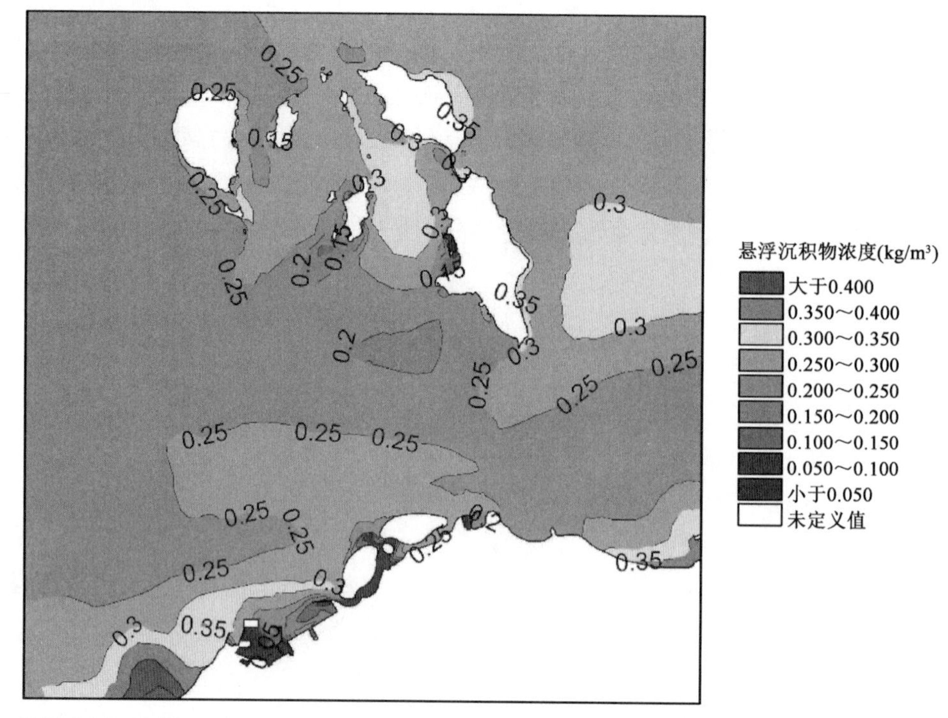

图 3.2-21 方案一海域落急含沙量场

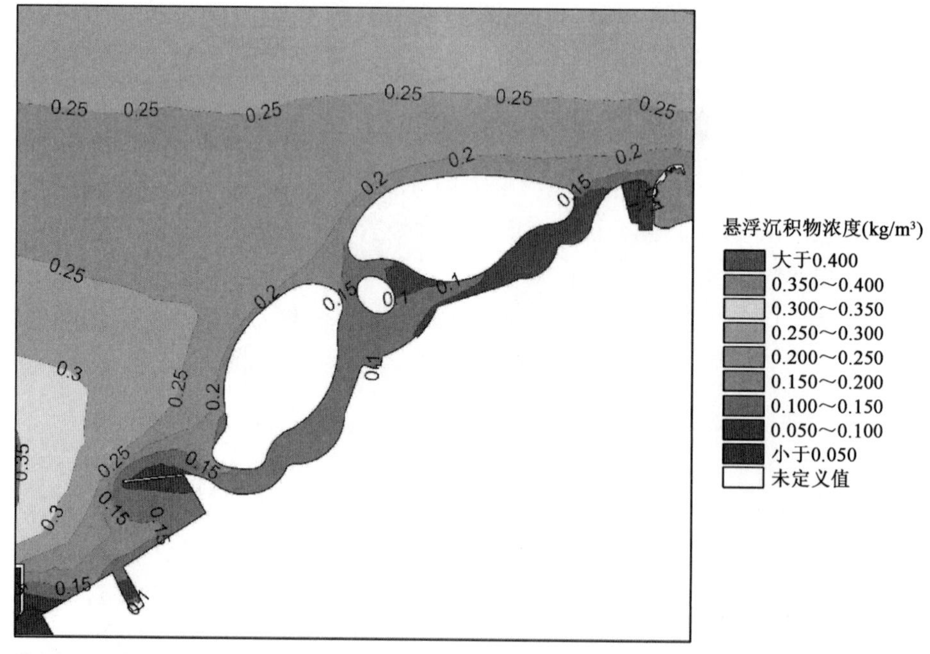

图 3.2-22 方案一工程区涨急含沙量场

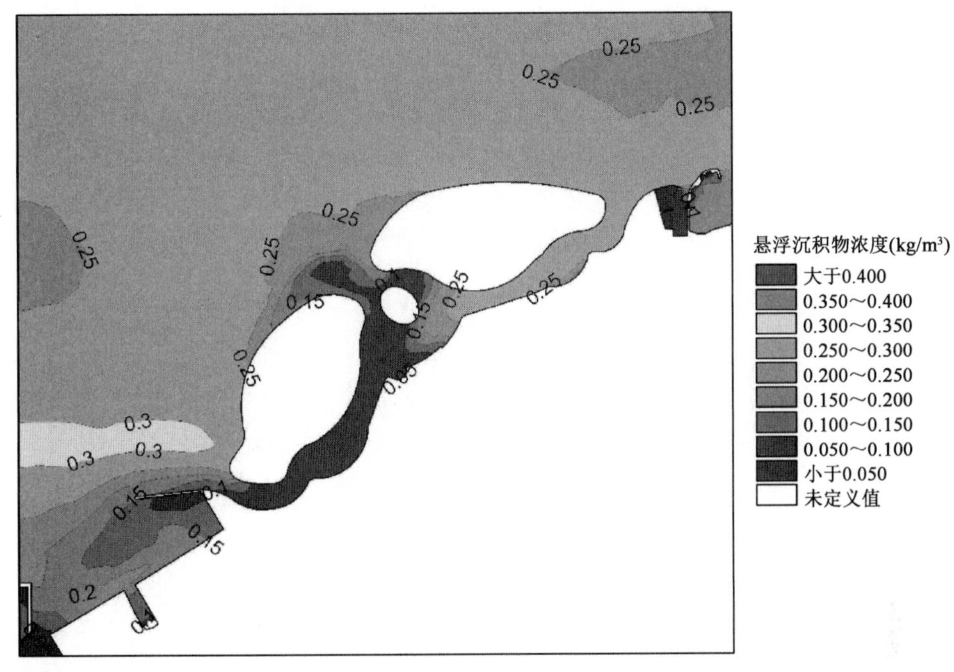

图 3.2-23 方案一工程区落急含沙量场

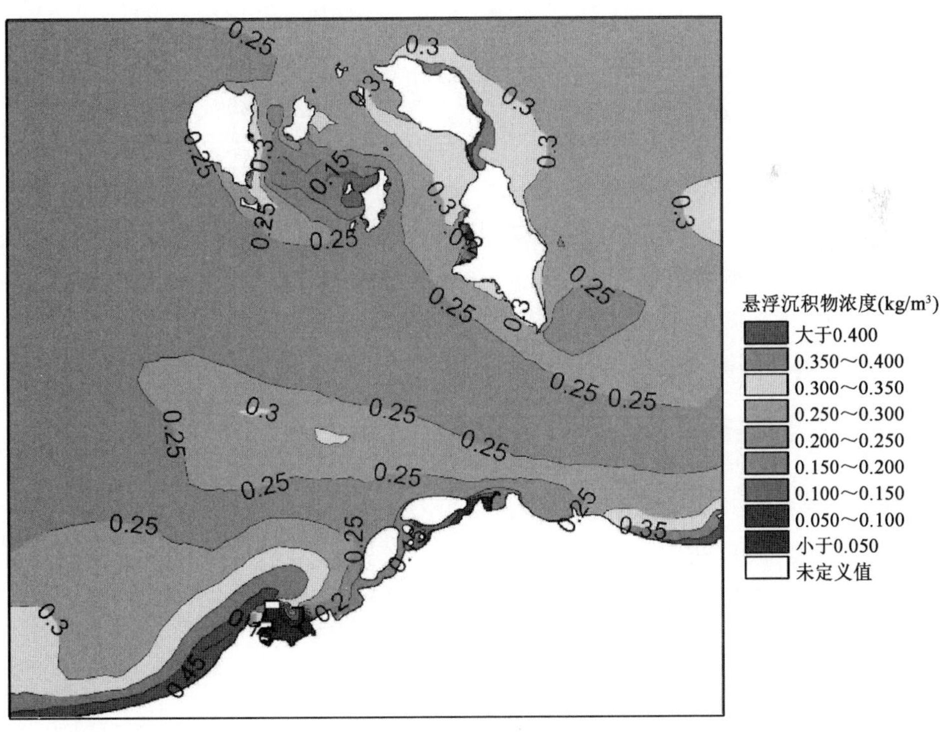

图 3.2-24 方案二海域涨急含沙量场

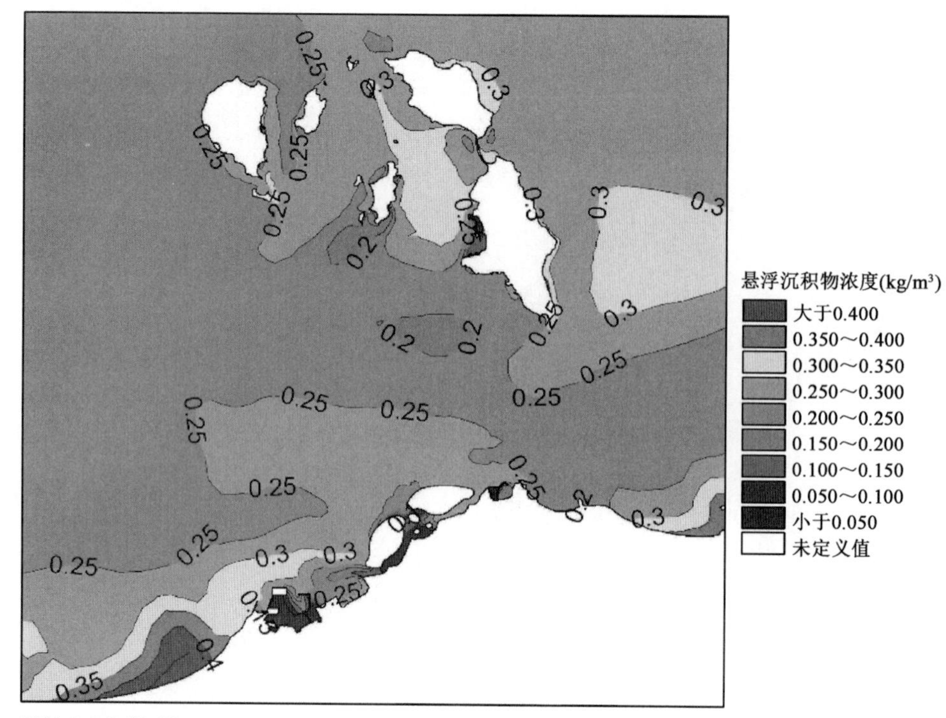

图 3.2-25　方案二海域涨急含沙量场

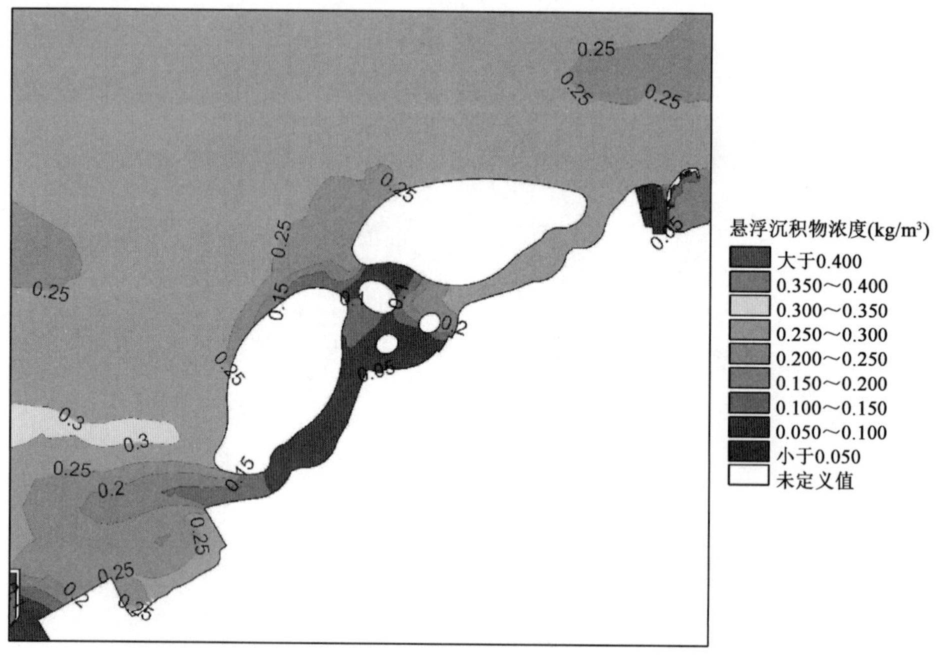

图 3.2-26　方案二工程区涨急含沙量场

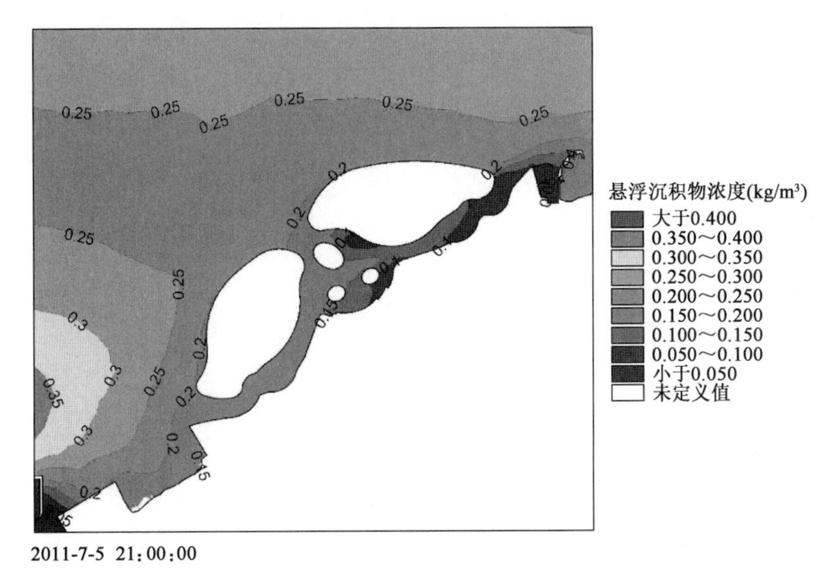

图 3.2-27　方案二工程区落急含沙量场

由图可见,大风天含沙量明显要大于小风天,海区的含沙量多在 0.30kg/m³ 以下,这是风浪动力产沙的结果。

(1)方案一。

①在 NW 向大风作用下,内海水域含沙量减小,人工岛北侧外海水域含沙量较现状相当。受人工岛掩护,内海水域含沙量较人工岛以北外海水域含沙量有所减小;登州浅滩处含沙量大于登州水道含沙量;工程区落急含沙量稍大于涨急含沙量。

②登州浅滩水域含沙量一般在 0.25～0.3kg/m³;登州水道含沙量一般在 0.25kg/m³ 以内;工程区,人工岛北侧外海水域含沙量一般在 0.2～0.3kg/m³,东、西两口门水域含沙量一般在 0.2kg/m³ 左右,东口门含沙量大于西口门,中部水域含沙量一般在 0.1～0.2kg/m³ 左右。

③相比而言,人工岛北侧外海水域含沙量场分布与规划方案和优化方案相当;内海水域含沙量场与优化方案相当。

(2)方案二。

①在 NW 向大风作用下,内海水域含沙量减小,人工岛北侧外海水域含沙量较规划方案相当。受人工岛掩护,内海水域含沙量较人工岛以北外海水域含沙量有所减小;登州浅滩处含沙量大于登州水道含沙量;工程区落急含沙量稍大于涨急含沙量。

②登州浅滩水域含沙量一般在 0.25～0.3kg/m³;登州水道含沙量一般在 0.25kg/m³ 以内;工程区,人工岛北侧外海水域含沙量一般在 0.2～0.3kg/m³,东、西两口门水域含沙量一般在 0.2kg/m³ 左右,东口门含沙量大于西口门,中部水域含沙量一般在 0.1～0.2kg/m³ 左右。

③与规划相比,在 NW 向大风作用下人工岛北侧外海水域含沙量场分布与规划方案相当;内海水域含沙量场较规划方案稍大。

3)大风天海床变形分析

图3.2-28和图3.2-29为方案一NW向波浪作用一个大潮过程后工程海域海床变化分布图;图3.2-30和图3.2-31为方案二NW向波浪作用一个大潮过程后工程海域海床变化分布图。可以看出:

(1)方案一。

NW向浪作用一个大潮过程后,内海海床淤积厚度较优化方案基本相当;东侧两人工沙滩淤积厚度一般在0.01~0.02m;西侧南边的人工沙滩淤积厚度一般在0.01~0.02m,西侧北边的人工沙滩淤积厚度稍大,一般在0.02~0.05m。人工岛北侧外海海床变化趋势与优化方案基本相同。

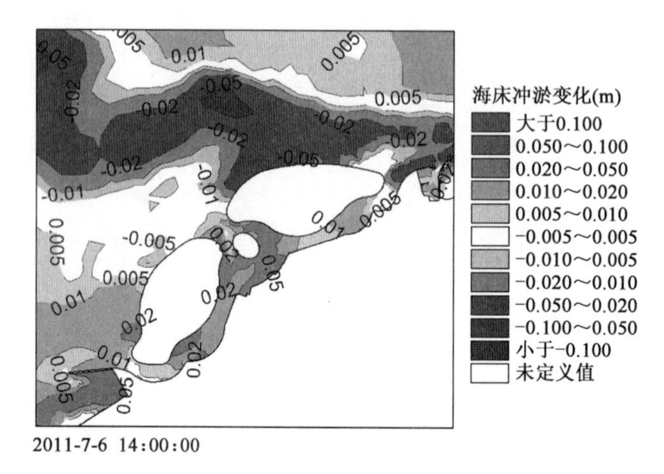

图3.2-28　方案一海域底床变形分布

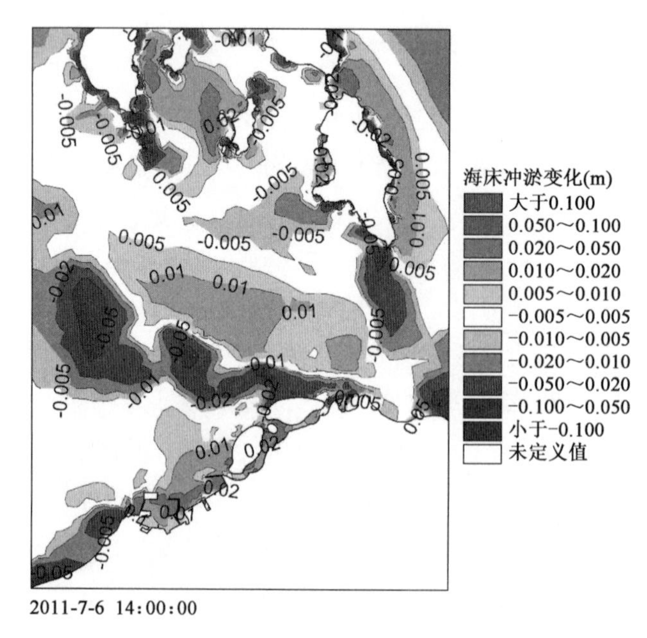

图3.2-29　方案一工程区海床变形分布图

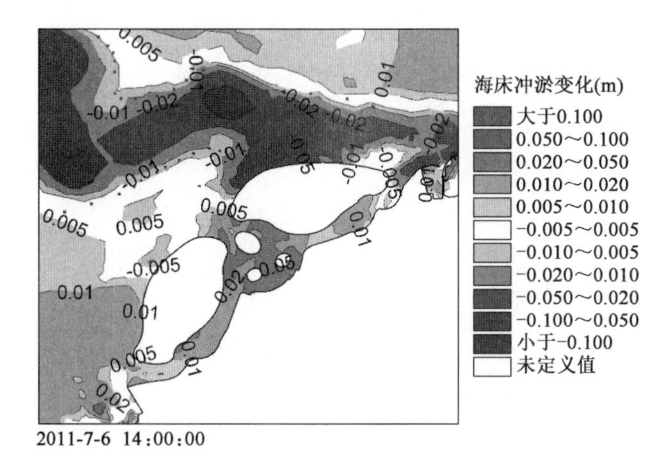

图3.2-30 方案二海域底床变形分布

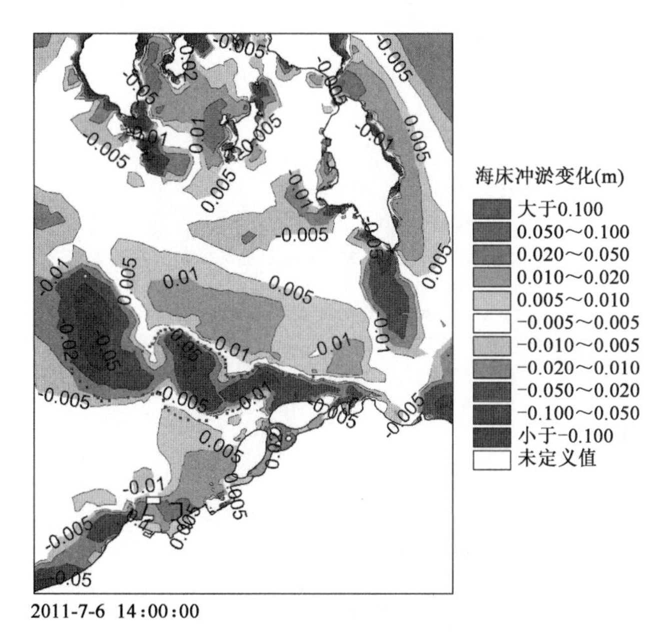

图3.2-31 方案二工程区海床变形分布图

(2)方案二。

对接岸陆域边线进行了优化调整,在东、西两人工岛的南侧分别布置了两个人工沙滩,去掉了东口门处外侧的人工沙滩,并对沙滩的大小做了优化。

NW 向浪作用一个大潮过程后,内海海床淤积厚度较规划方案有所减小;东侧两人工沙滩淤积厚度一般在0.01～0.02m;西侧南边的人工沙滩淤积厚度一般在0.01～0.02m,西侧北边的人工沙滩淤积厚度稍大,一般在0.01～0.05m。人工岛北侧外海海床变化趋势与规划方案相同。

4)常年海床变形分析

工程实施后内海水域附近海区海床年变形分布如图3.2-32、图3.2-33所示,由图可见:

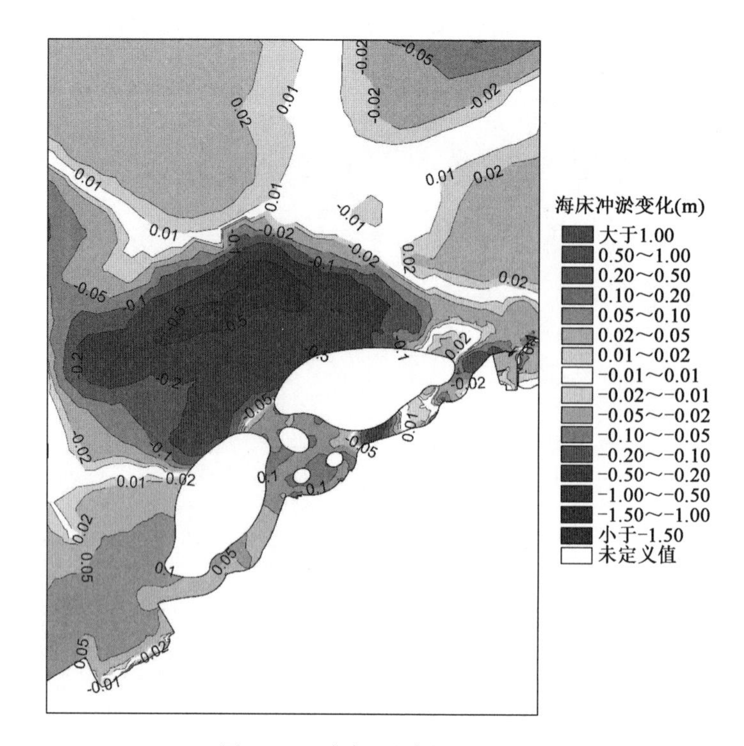

图 3.2-32　方案一海床年变形分布

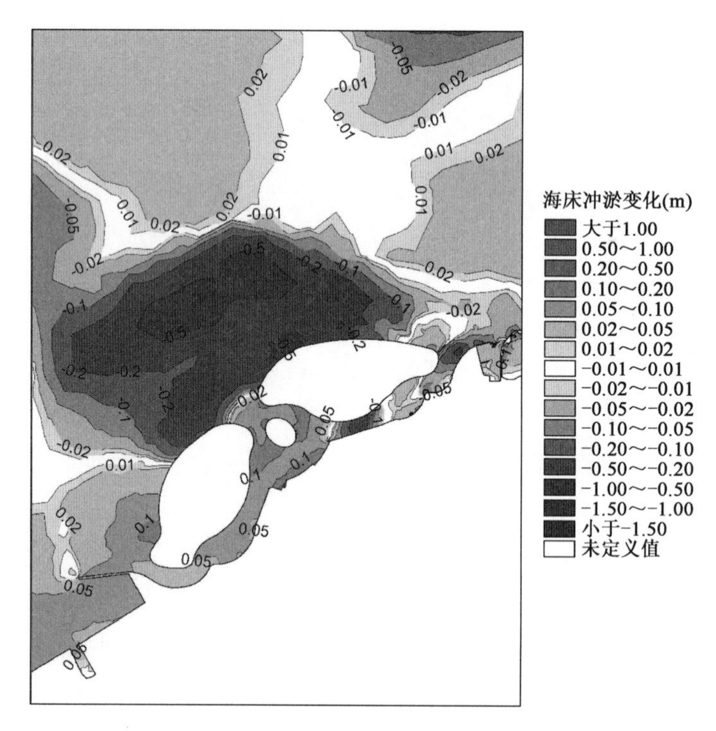

图 3.2-33　方案二海床年变形分布图

(1)方案一,内海水域西侧海床年淤积厚度一般在0.02~0.05m左右,其中南北两侧沙滩水域海床年淤积约0.05m左右;内海水域中部海床年淤积厚度一般在0.1m左右;内海水域东侧海床有冲有淤,沙滩水域略有淤积,淤积厚度一般在0.02m左右。人工岛(尤其东人工岛)外缘近岸水域明显冲刷。

(2)方案二,内海水域西侧海床年淤积厚度一般在0.02~0.05m左右,其中南侧沙滩海床年淤积约0.02~0.05m左右、北侧沙滩海床年淤积约0.05m左右;内海水域中部海床年淤积厚度一般在0.1m左右;内海水域东侧海床有冲有淤,沙滩水域略有淤积,其中南侧沙滩海床年淤积一般在0.01~0.02m左右、北侧沙滩海床年淤积一般在0.02m左右。人工岛(尤其东人工岛)外缘近岸水域明显冲刷。

(3)两方案比较,方案一内海海床年变化幅度与方案二基本相当,人工沙滩水域的年淤积厚度与方案二也基本相当,值均有所减小。

3.2.5 动床物理模型试验

在开展泥沙模型试验之前,本研究首先对人工岛的平面布置方案进行了定床潮流试验。该试验旨在深入研究不同方案下人工岛建设工程前后工程海域的潮流特性、人工岛口门的过潮量等关键因素,通过对比分析,以确定人工岛平面布置的最佳方案。在此基础上,动床模型试验进一步对工可推荐的方案进行了局部动床冲淤试验,以验证其实际效果。

动床模型试验采用的潮型是基于原型大潮和小潮的混合代表潮型。试验模拟了原型三个不同的独立时段,分别为3个月、6个月和1年,模型的模拟时间分别为12.3h、24.5h和49.1h。

1)放水3个月冲淤分析

根据定床试验的成果,发现东人工岛外侧及东口门处的涨落潮流速相较于天然状况有所增大,这可能是冲刷现象的主要发生区域。相反,西人工岛外侧海域为回流区,西口门的涨、落潮流速较天然状况有所减小,泥沙运动主要以淤积为主。中口门区域为弱流区,涨落潮流速较小,地形冲淤变化不明显。

试验结果显示,模型局部地形发生了冲淤变化,具体情况如下:

(1)东口门工程实施后,东口门区域的涨落潮流速较天然状况有所增大。受落潮潮流影响,人工岛东口门区靠人工岛一侧主要表现为冲刷,冲刷区长度约380m,宽度约100m,平均冲刷深度为0.47m,最大冲刷深度达1.02m,最大冲刷位置距离东人工岛尾部约50m。东口门靠岸一侧略有淤积,平均淤积厚度约0.2m。

(2)东人工岛内侧通道内主要表现为冲刷,平均冲刷深度约0.2m。靠岸一侧泥沙略有淤积,但淤积强度较弱,一般不超过0.1m。1号、2号沙滩外缘呈现淤积状态,淤积厚度约0.15m。受沿堤流影响,东人工岛外边缘略有冲刷,冲刷深度0.1~0.36m,人工岛内水系出口处冲刷强度最大。东人工岛靠外海侧的冲刷现象较为明显,平均冲深为0.3m,最大冲深达0.8m,局部区域有淤积,但淤积强度不大,淤积厚度约0.2m。

(3)中口门处主要表现为冲刷现象,但冲刷强度较小,平均冲刷深度约0.2m。心岛与东、西人工岛之间的通道内有冲有淤,冲刷深度0.1~0.3m,淤积厚度0.1~0.2m。心岛与岸之间的通道内主要表现为冲刷,冲刷深度0.1~0.4m,局部略有淤积,最大淤积厚度不超过0.2m。

(4)受人工岛工程影响,西人工岛西北海域形成了大范围的回流区,海床产生淤积,淤积厚度0.2~0.4m,局部区域达0.6m左右。北部海域既有冲刷也有淤积,冲刷深度0.2~0.3m,淤积厚度0.2~0.4m。西人工岛内侧通道内主要以淤积为主,平均淤积厚度0.3m。

(5)西口门区域呈现淤积状态,平均淤积厚度约为0.3m。

2)放水6个月冲淤分析

试验结果表明,模型局部地形发生冲淤变化,具体表现为:

(1)受落潮潮流影响,人工岛东口门区靠人工岛一侧以冲刷为主,冲刷区域长度约560m,冲刷宽度约100m,平均冲刷深度0.6m,最大冲刷深度1.2m,最大冲刷位置为距东人工岛尾部约50m。靠岸一侧略有淤积,平均淤积厚度约0.2m。

(2)东人工岛内侧通道以冲刷为主,平均冲刷深度约0.3m,1号、2号沙滩外缘呈淤积状态,淤积厚度不超过0.2m;受沿堤流影响,东人工岛外边缘冲刷强度增大,冲刷深度0.2~0.4m;东人工岛靠外海侧冲刷现象较为明显,平均冲深0.4m,最大冲深1m。

(3)中口门处表现为冲刷现象,冲刷强度较小,平均冲刷深度约0.2m;心岛与东、西人工岛之间通道内有冲有淤,冲刷深度0.1~0.4m,淤积厚度约0.1m;心岛与岸之间通道内以冲刷为主,平均冲刷深度0.2m,局部略有淤积,最大淤积厚度不超过0.1m。

(4)受人工岛工程影响,西人工岛西北海域形成大范围环流区,海床产生淤积,平均淤积厚度约0.3m,局部达0.6m左右;北部海域有冲有淤,冲刷深度约0.2m,淤积厚度0.2~0.4m;西人工岛内侧通道内以淤积为主,平均淤积厚度达0.3m,4号沙滩外缘最大淤积厚度约0.45m。

(5)西口门区呈淤积状态,平均淤积厚度约0.3m。

3)放水一年冲淤分析

试验结果表明,模型局部地形发生冲淤变化,具体表现为:

(1)受落潮潮流影响,东口门冲刷区域主要出现在靠东人工岛尾一侧,冲刷区域长度约720m,冲刷坑宽度约100m,平均冲刷深度0.67m,最大冲刷深度1.34m,最大冲刷位置为距东人工岛尾部约50m。靠岸一侧略有淤积,平均淤积厚度约0.2m。

(2)东人工岛内侧通道以冲刷为主,平均冲刷深度约0.4m,2号沙滩外缘略有淤积,淤积深度不超过0.2m;受沿堤流影响,东人工岛外边缘冲刷明显,冲刷深度0.3~0.65m;东人工岛靠外海侧冲刷现象较为明显,平均冲深0.55m,局部区域最大冲深1.3m。

(3)中口门处冲刷现象较为明显,冲刷深度0.2~0.3m;西人工岛与心岛之间通道冲刷强度稍大,平均冲深0.3m,局部0.4m;东人工岛与心岛之间通道冲刷强度较小,平均冲深0.16m;心岛与岸之间通道有冲有淤,冲刷深度0.2~0.6m,淤积厚度约0.2m。

(4)受人工岛工程影响,西人工岛西北海域形成大范围环流区,海床产生淤积,淤积厚度为0.2～0.4m,局部达0.6m左右;北部海域有冲有淤,冲刷深度0.1～0.3m,淤积厚度0.2～0.4m;西人工岛内侧通道内以淤积为主,平均淤积厚度约0.3m,4号沙滩外缘最大淤积厚度约0.45m。

(5)西口门区呈淤积状态,平均淤积厚度约0.37m。

由上述试验结果可知,人工岛建成后,局部潮流场发生变化,东口门区及东人工岛外侧流速加大,造成东口门及东人工岛外边缘处海床产生不同程度的冲刷,对东人工岛外边缘及西人工岛岛头部位采用20m宽的抛石护底进行防护。

4)工程海域海床冲淤发展过程

根据上述冲淤分析结果,对推荐方案人工岛建设后工程海域海床冲淤发展过程的特征进行如下总结:

(1)在推荐方案工程实施后,由于潮流场的改变,工程海域内的泥沙运动规律发生了显著变化。特别是在东口门区,由于潮流流速较大,泥沙运动变得相对活跃,海床冲刷强度较为显著。随着时间的推进,冲刷深度和冲刷范围均呈现出逐渐增大的趋势。

(2)东人工岛外侧的海床冲刷现象相对明显,随着时间的推移,冲刷深度呈现出逐步加大的趋势。与此同时,东人工岛内部通道内的海床冲刷现象经过一段时间的演变,逐渐趋于平衡状态。

(3)中口门区域主要表现为冲刷作用,但冲刷强度相对较小。心岛与西人工岛之间的通道的冲刷强度略大于心岛与东人工岛之间的通道。在6个月至1年的时间跨度内,冲刷强度呈现出减缓的趋势。

(4)人工岛工程的实施导致西人工岛西北海域形成了大范围的环流区,伴随着海床的淤积现象。随着时间的推移,人工岛外侧的泥沙淤积区域逐步扩大,但淤积强度的增长幅度相对较小。人工岛内部通道内的泥沙淤积强度随时间变化并不明显。

(5)西口门区域的整体表现较为稳定,泥沙淤积强度相对较弱。从3个月到1年的时间跨度来看,西口门区的泥沙淤积厚度基本保持不变,表明海床变化已经基本趋于平衡。

(6)人工沙滩表面没有出现泥沙淤积现象,这可能与该区域的水动力条件和泥沙补给情况有关。

综上所述,推荐方案下的人工岛建设对工程海域海床冲淤发展过程产生了一定的影响。通过细致的冲淤分析,我们可以更好地理解人工岛建设对海域海床稳定性的长期效应,为未来的工程规划和管理提供科学依据。

3.3 方案比选

综合上述三个阶段研究,得出了从潮流—波浪—泥沙的角度,逐步提出优化方案的结果。本节为方案比选论证总结的结果。

3.3.1 潮流模型研究成果

工程实施后,域内水系流速小,水深4~8m,不影响设计旅游船型航行,船舶航行水流条件优良。概念性规划设计方案优化方案一、概念性规划设计方案优化案二、工可推荐方案工程全部位于批复海域内,域内水体与域外水体能够全部交换。

物理模型的结论为:

(1)人工岛建成后,外海整体潮流场分布趋势变化不大。工程附近海域潮流流速、流向略有改变。涨、落潮时东、西人工岛尾部分别出现一定范围的环流。

(2)人工岛东口门涨、落潮流速较天然状况下增大,方案一(概念性规划设计方案优化方案二)涨、落潮最大流速分别为0.93m/s、0.89m/s,方案二(工可推荐方案)涨、落潮最大流速分别为0.87m/s、0.92m/s;西口门涨、落潮最大流速较天然状况下减小,方案一涨、落潮最大流速分别为0.53m/s、0.44m/s,方案二涨、落潮最大流速分别为0.47m/s、0.38m/s;中口门为弱流、环流区,涨、落潮流速不超过0.32m/s。

(3)落潮时段,东口门进流,西口门及中口门出流,方案一(概念性规划设计方案优化方案二)西口门出流量占出流总量的30.5%,方案二(工可推荐方案)为52.9%;涨潮时段,西口门进流,东口门出流,中口门主要为环流,方案一东口门出流比例占出流总量的54.3%,方案二为91.2%。整个涨、落潮时段,进岛水量与出岛水量基本持平,岛内水体能保持较好的交换能力。

考虑岛内流速分布、水体交换的能力、工程方案工程量的大小,将概念性规划设计方案优化方案二、工可推荐方案作为潮流研究的推荐方案。

3.3.2 波浪模型研究成果

(1)工程建设后优化方案的最大有效波高位于西人工岛外侧的11号测点处,极端高水位50年一遇最大有效波高为4.10m,10年一遇最大有效波高为3.67m;设计高水位50年一遇最大有效波高为4.00m,10年一遇最大有效波高为3.60m;工可推荐方案的最大有效波高位于西人工岛外侧的11号测点处,极端高水位50年一遇最大有效波高为3.94m,10年一遇最大有效波高为3.46m;设计高水位50年一遇最大有效波高为3.81m,10年一遇最大有效波高为3.60m。

(2)根据工程建设前后登州浅滩附近的波浪分布,本工程建设对登州浅滩的波浪无明显影响。

(3)关于泊稳条件:①优化方案,在西侧人工岛靠近儿童乐园处的游艇码头群1前布置了防波堤掩护,口门处的波高稍大,但港内游艇泊位处波高均满足泊稳条件;东侧人工岛游艇交易区南侧的游艇码头群6口门位置改变了方向,有效地掩护了NW向浪入射作用,港内泊稳条件满足。在岸边旅游服务中心处新增的一处大型游艇码头群2受到西侧人工岛较好的掩护,港内波高均满足泊稳条件。②工可推荐方案,缩窄了西侧口门,游艇码头群1口门处的波高降低,各游艇码头群波高均满足泊稳条件。从泊稳角度看,工可推荐方案的泊稳条件最好。

(4)关于人工沙滩前的波况:①优化方案由于缩短了东侧商务区前人工沙滩的长度,在设计高水位2年一遇NE向浪作用时避免了概念性规划设计方案东侧商务区人工沙滩前有效波高较大的情况(K3、L3测点处),人工沙滩前的有效波高均小于0.5m;同时位于东侧餐饮区前的人工沙滩弯角J3测点处的有效波高也降至0.54m,其他两处人工沙滩前有效波高均小于0.5m。优化方案在设计高水位50年一遇NE向浪入射时东侧餐饮区前的人工沙滩弯角J3测点处的有效波高为1.06m,其他处人工沙滩前的有效波高均小于1.0m;在NW向浪入射时西侧口门处的海上旅游服务区前人工沙滩最大有效波高为1.26m(C3测点处),西侧游艇交易区前人工沙滩最大有效波高为1.35m(E3测点处);而在W向浪入射时各处人工沙滩前的有效波高均小于1.0m。②工可推荐方案在优化方案的基础上将东侧餐饮区前的人工沙滩缩短,在设计高水位2年一遇各向浪作用时,沙滩前的有效波高均小于0.5m;在设计高水位50年一遇的各向浪作用时,NW向浪入射时西侧游艇交易区前的人工沙滩前的有效波高在1.0m左右,其他位置处的沙滩前有效波高均小于1.0m。从人工沙滩的波浪条件看,工可推荐方案的波浪条件最好。

综上所述,从波浪角度看工可推荐方案的波浪条件最好。

3.3.3 泥沙模型研究成果

1)从工程实施前后海域含沙量场模拟结果来看

(1)规划方案实施后,受人工岛掩护,内海水域含沙量减小,人工岛北侧外海水域含沙量较现状变化不大。小风天时,人工岛北侧外海水域含沙量在0.01~0.025kg/m^3,内海水域含沙量在0.001~0.01kg/m^3。NW向大风天时,人工岛北侧外海水域含沙量一般在0.2~0.3kg/m^3,内海东、西两口门水域含沙量一般在0.1~0.25kg/m^3,东口门含沙量稍大于西口门,中部水域含沙量一般在0.1kg/m^3以内。

(2)优化方案实施后,人工岛北侧外海水域含沙量与规划方案相当,内海水域含沙量较规划方案稍大。小风天时,人工岛北侧外海水域含沙量在0.01~0.025kg/m^3,内海水域含沙量在0.001~0.015kg/m^3。NW向大风天时,人工岛北侧外海水域含沙量一般在0.2~0.3kg/m^3,内海东、西两口门水域含沙量一般在0.2kg/m^3左右,东口门含沙量稍大于西口门,中部水域含沙量一般在0.1~0.2kg/m^3左右。

(3)工可推荐方案实施后,小风天时人工岛北侧外海水域含沙量在0.01~0.025kg/m^3,内海水域含沙量在0.001~0.01kg/m^3;NW向大风天时,人工岛北侧外海水域含沙量一般在0.2~0.3kg/m^3,内海水域东、西两口门水域含沙量一般在0.2kg/m^3左右,东口门含沙量稍大于西口门,中部水域含沙量一般在0.1~0.2kg/m^3左右。

2)从建设工程实施前后工程区海床变化来看

(1)规划方案实施后,受东、西两人工岛掩护,NW向波浪对西庄村至格林庄近岸区域作用力明显减弱,西庄村至格林庄近岸内海水域海床由工程前的普遍冲刷变为普遍淤积,人工岛的建设对登州浅滩及登州水道的海床变化趋势基本没有影响。NW 向浪作用一个大潮过程后,人工岛以南内海海床淤积厚度一般在 0.02m 左右,其中东侧人工沙滩淤积厚度一般在 0.01m 左右,西侧人工沙滩淤积一般在 0.02m 左右,西侧人工沙滩淤积较东侧稍大;人工岛以北海床,东侧人工岛中部呈冲刷趋势,冲刷深度一般在 0.02 ~0.05m,西侧人工岛尾部海床呈淤积趋势,淤积厚度一般在 0.01m 左右。

(2)优化方案实施后,对接岸陆域边线进行了优化调整,在东、西两人工岛的南侧分别布置了两个人工沙滩,去掉了东侧口门处外侧的人工沙滩,并对沙滩的大小做了优化。NW 向浪作用一个大潮过程后,内海海床淤积厚度较规划方案有所减小;东侧南、北两人工沙滩淤积厚度一般在 0.01 ~0.02m;西侧南边的人工沙滩淤积厚度一般在 0.01 ~0.02m,西侧北边的人工沙滩淤积厚度稍大,一般在 0.01 ~0.05m。

(3)工可推荐方案,西口门接岸陆域边界符合船厂用海规划批复,中部小岛合三为一。NW 向浪作用一个大潮过程后,东侧南、北两人工沙滩淤积厚度一般在 0.01 ~0.02m;西侧南边的人工沙滩淤积厚度一般在 0.01 ~0.02m,西侧北边的人工沙滩淤积厚度稍大,一般在 0.02 ~0.05m;整体来看,内海海床淤积厚度与优化方案基本相当。

4

海上人工岛绿色建设评估

4.1 海上人工岛建设绿色评估体系

4.1.1 绿色评估研究背景

在进行围填海建设时,其对海洋环境的影响是多方面的,包括海岸线形态的改变、海底地形地貌的重塑等。为了减少这些活动对海洋生态系统的负面影响,需要对围填海工程进行细致的布局优化设计。设计理念不仅贯穿于工程的规划、施工到后期管理的各个环节,而且也是海洋管理部门审核项目的重要依据。

人工岛的建设是一个复杂的系统工程,涉及总体布置、陆域形成、地基处理、护岸结构等多个方面。国际上对此进行了大量的研究,如 McCarthy 等通过综合考虑经济、地质、水深和风浪等因素,对人工岛的选址和平面布置进行了深入研究。荷兰的 Rozemeijer 等则通过实测数据分析,对人工岛岸滩演变的影响进行了综合评估,为后续项目提供了宝贵的数据支持。Stive 等通过对荷兰侵蚀沙滩海岸的年度侵蚀量进行分析,提出了提前在海滩上补充砂子的方法以减缓侵蚀。

在水体交换方面,Cavalcante 等通过数值模拟研究了朱美拉棕榈岛水体在人工岛之间的平均停留时间,开发了耦合流体力学与溶质运动模型,该模型预测的水位和流速与实际测量结果一致,结果表明平均停留时间的变化与潮汐冲刷密切相关。此外,Vaselali 和 Azarmsa 分析了阿曼北部 Pozm 渔港的沉积问题并提出了相应的解决方法。谢世楞对人工岛的形状选择、总体布置、对附近海岸变形的影响、波浪绕射、局部冲淤形态以及结构形式和建造方法等进行了研究。张志明等结合大连临空产业园填海造地工程,对人工岛建设的多个关键技术进行了分析。

在抗震设计方面,王柳君等研究了由重力式岛壁和桩基组成的混合结构人工岛的设计方法。犹爽对大连海上机场工程对金州湾海域水环境的影响进行了数值研究,发现该工程对海域水环境有较大影响。梁桁等对珠澳大桥珠澳口岸人工岛填海工程设计的关键技术进行了深入研究，包括总平面、岸壁结构、陆域形成及软基处理、景观设计等。

董志良结合港珠澳大桥珠澳口岸人工岛填海工程等项目，重点探讨了抛石围堰、砂袋围堰、复合型砂袋围堰、插入式钢结构围堰以及水上施工智能控制系统等关键施工技术。李希彬等基于 FVCOM 模式，建立了湛江湾的三维潮流数学模型，并通过面源示踪剂法分析了不同水域及不同水深分层的水体交换情况。

王金华等使用三维数学模型对连云港旗台作业区及南北防波堤工程建成后的水体交换能力进行了模拟。韩卫东等针对环抱型港池水体交换能力较弱的问题，以连云港的两个港区为例，建立潮流和对流扩散模型，研究了设置水体交换通道对于水质的改善效果。张玮等以连云港徐圩港区为例，利用对流扩散模型，模拟计算了潮流作用下环抱式港池水体半交换周期，并研究了改善港池水质的工程措施及效果。

在海上风电新能源风机基础方面，国内外也开展了较多的研究，主要集中在高桩承台基础、单桩基础、导管架基础、负压筒式基础等。Prasad 和 Narasimha 通过室内大比尺试验得到了桩基础在水平荷载作用下的承载性能。朱照清等通过对钢管桩进行水平承载力现场试验，测试了大直径钢管桩的运动形式以及桩侧土压力的分布情况。龚维明等通过现场试验，研究了东海大桥近海风电钢管直桩及斜桩的水平承载性能。施晓春等通过水平承载力模型试验，得到了桶形基础在水平荷载作用下，桶体周围土体抗力的分布形式，并以此为基础推导出了桶形基础水平承载力计算公式。

综上所述，随着社会发展与国内外形势变化，人们对于发展、居住以及生态环境等方面有了进一步的认识与要求，越来越多的人工岛项目被开发出来，也有越来越多的学者投入到人工岛建设技术研究里面来，前人对人工岛总体布置与平面形态、陆域形成、疏浚输砂、水体交换及其对岸滩演变的影响已有较丰富的研究成果，但是随着人工岛的建设条件和需求出现了更多的限制与变化，如季风、全球变暖、海平面上升、波浪及气候异括常、极端地震、深厚软土复杂地质、建设材料受限、吹填疏浚土质复杂化等，人工岛的建设要求也随之发生了较大变化；大规模的人工岛建设对环境存在一定的影响，使得建岛与生态环境之间的矛盾进一步突出。综合国内外研究现状，目前大部分人工岛建设选址、规模、平面形态及规划研究集中在具体的案例，如具体的某个项目、具体的某种功能上，针对多个区域、多种功能类型的人工岛研究相对较少，关于人工岛建设选址、规模、平面形态及规划的理论研究更少。有必要通过多个不同区域、不同功能类别、不同水工形态的人工岛研究，更清晰地梳理、凝练出人工岛建设选址、规模、平面形态及规划所应关注的重点环节、重点问题等。

欧美等发达国家生态海岸建设(可与我国 2016 年开始的“蓝色海湾”建设类比)受其本国成熟的环保意识推动，起步较早，理念先进，其突出特点为强调基于自然的解决方案。通过研发与实践创新，欧美等发达国家逐渐发展形成一批海岸带保护与生态修复技术体系。

目前有少量研究对人工岛生态状况进行了系统评价，生态海岸概念的兴起也为海上人工岛的生态建设提供了思路，人工岛四周的岸坡增加了岸线长度，如果充分发挥这些人造海岸的生态性,可以起到生态补偿的作用。综合海上人工岛与周边海域的相互影响,本研究从水动力条件、地形演变、海岸生态、景观生态和建设影响等方面来划分其生态评价因素。

4.1.2 海上人工岛对海洋水动力的影响因素分析

一般情况下,海上人工岛的建设会减少工程海域的纳潮量,同时降低人工岛近岸水域的水动力强度,包括潮流动力减弱、波浪出现掩护区等。这些动力的变化很难用一个生态水动力的指标来表征,也很难说明这些变化条件的直接生态影响,这里以保护天然条件作为目标,引入三个指标。

$$\mathrm{HC} = \frac{\mathrm{SC}_{50\%}}{S_0} \times 100\% \tag{4.1-1}$$

$$\mathrm{HW} = \frac{\mathrm{SW}_{50\%}}{S_0} \times 100\% \tag{4.1-2}$$

$$\mathrm{HI} = \frac{\mathrm{SI}_{50\%}}{S_0} \times 100\% \tag{4.1-3}$$

式中:HC——潮流动力影响因子,表示为潮流动力(大中小潮平均流速)减弱50%区域面积与人工岛面积之比;

HW——波浪动力影响因子,表示为波浪动力(年平均波高)减弱50%区域面积与人工岛面积之比;

HI——水体交换时间影响因子,表示为水体(悬浮浓度)半交换时间增加50%区域面积与人工岛面积之比;

S_0——人工岛(平均海平面以上陆域)面积(m^2);

$\mathrm{SC}_{50\%}$——由于人工岛建设引起的潮流动力(大中小潮平均流速)减弱50%区域面积(m^2);

$\mathrm{SW}_{50\%}$——由于人工岛建设引起的波浪动力(年平均波高)减弱50%区域面积(m^2);

$\mathrm{SI}_{50\%}$——由于人工岛建设引起的水体(悬浮浓度)半交换时间增加50%区域面积(m^2)。

通过这三个参数可以分析人工岛对周围水动力变化的影响程度,数值越高对周围影响越大,数值越小认为人工岛布置越优。其中,第三个参数即水体交换时间影响因子与潮流、波浪动力的变化有关,其更多体现人工岛岛内或岛间水域的动力情况。用这三个参数可以对人工岛的平面布置进行优化对比,为了进一步细致优化,可以引入影响25%甚至影响10%的指标。直观地分析,当人工岛在海岸上的投影长度较长时,可能由于浅水区域多而相对经济,但是其影响水域面积往往比较大。

对于水动力影响的评估是比较容易量化的,因此建议引入一个表征与海域现状动力强度有关的参数KH,来表述现状动力强(KH=1.1)、中(KH=1.0)和弱(KH=0.9)三种情况,从而将相对指标通过权重来表现为可与其他参数对比的指标。

4.1.3 海上人工岛对地形变化及海岸冲淤的影响

海上人工岛的建设在改变海洋水动力的同时也对泥沙环境产生影响,进而对海底地形与海岸冲淤产生影响。改变周边区域的地形演变特征,有时有些影响是有益的,如减缓或防护海岸的冲刷、营造一些如沙滩的优质海岸。这里主要从保护自然特征出发,分周边海区、海岸两个方面进行评价,评价指标增加一个正向因子,正向因子表示人工岛建设对海岸起到的积极作用。为避免夸大其积极作用,正向因子需要就实际工程实际需要进行评估,最好是社会评估。人工岛建设对地形及海岸冲淤的影响是长期的,需要取一段相对较长的时间来进行分析,这里取50年。用2个参数来表述这种负面影响,1个参数来评估正面影响。

$$\mathrm{BV} = \frac{|V_{50}|}{V_0} \times 100\% \tag{4.1-4}$$

$$\mathrm{BL} = \frac{|L_{50}|}{L_0} \times 100\% \tag{4.1-5}$$

$$\mathrm{BE} = \mathrm{EL}/L_0 \times 100\% \tag{4.1-6}$$

式中:BV——人工岛建设引起的地形冲淤演变影响因子,表示为预测因人工岛建成后50年周边海床冲刷量与淤积量的总和与人工岛筑岛体积的比值;

BL——人工岛建设引起的海岸冲淤的影响因子,表示为预测因人工岛建成后50年周边海岸(无防护)发生冲刷与淤积的总长度与人工岛环岛人工海岸的长度之比;

BE——人工岛建设引起的海岸防护的影响因子,表示为预测因人工岛建设后侵蚀性海岸侵蚀减缓或得到保护的海岸长度与人工岛环岛人工海岸的长度之比;

$|V_{50}|$——预测因人工岛建成后50年周边海床冲刷量与淤积量的总和(m^3);

V_0——人工岛筑岛体积(m^3);

$|L_{50}|$——预测因人工岛建成后50年周边海岸(无防护)发生冲刷与淤积的总长度(m);

L_0——人工岛环岛人工海岸的长度,可用$4\sqrt{S_0}$进行计算(m);

EL——预测因人工岛建设后侵蚀性海岸侵蚀减缓或得到保护的海岸长度(m)。

BV、BL越小,BE越大,认为人工岛方案越优。地形的变化与自然条件关系很大,这组参数的引入一方面是评价人工岛平面布置对周边泥沙冲淤环境的影响,另一方面也表达对冲淤变化强烈海岸建设人工岛的担忧。

人工岛对海底或海岸的影响还与该区域现状、人们的关注度有关,这里取KB来表达,KB值范围为0.5~1.5,人迹罕至取小值;城市周边、风景区等取大值。

4.1.4 海上人工岛建设对自然海洋生态的影响

对海洋生态影响的最大因素是人工岛所在海域的生态现状,一般认为自然生态越好,人工岛工程的影响越大。由于本项分析主要是针对海上人工岛对生态影响的评估,因此都是相对的数值。我们建议在评估体系建立的同时,对人工岛所在海域的现状进行调查并评估,可参考文献依据生态多样性、敏感性给出分级。针对分级给出定量参数KE(取值范围为1~100),在总体评价时体现其权重。这里同样需要对生态防护措施进行评估。

生物可按照底栖生物、浮游生物和滩岸生物进行分类,其中底栖生物包括底栖动物、海底植物,浮游生物包括浮游植物和浮游动物,滩岸生物包括海龟、海鸟等。对这些生态因素的评估是很复杂的,而且大多数情况下都是负面和不可逆的。

比较这三种影响,人工岛建设对底栖生物的影响最大,对浮游生物影响最小,从另一角度来说,对浮游生物的保护却更难。为了让分析既有代表性又方便操作,选择以下因素进行评估。

$$\mathrm{EB} = P_{\mathrm{EB}}/\mathrm{EB}_{\mathrm{o}} \times 100\% \tag{4.1-7}$$

$$\mathrm{EF} = P_{\mathrm{EF}}/\mathrm{EF}_{\mathrm{o}} \times 100\% \tag{4.1-8}$$

$$\mathrm{EC} = P_{\mathrm{EC}}/\mathrm{EC}_{\mathrm{o}} \times 100\% \tag{4.1-9}$$

式中:EB——人工岛建设对底栖生物的影响因子,表示为人工岛建设范围(含施工影响区域)内受破坏和严重影响的底栖生物群落数与底栖生物总体群落数之比;

EF——人工岛建设对浮游生物的影响因子,表示为人工岛建设范围(含施工影响区域)内受破坏和严重影响的浮游生物群落数与浮游生物总体群落数之比;

EC——人工岛建设对滩岸生物的影响因子,表示为人工岛建设范围(含施工影响区域)内受破坏和严重影响的滩岸生物群落数与滩岸生物总体群落数之比;

P_{EB}——人工岛建设范围(含施工影响区域)内受破坏和严重影响的底栖生物群落数(个);

EB_{o}——人工岛建设范围(含施工影响区域)底栖生物总体群落数(个);

P_{EF}——人工岛建设范围(含施工影响区域)内受破坏和严重影响的浮游生物群落数(个);

EF_{o}——人工岛建设范围(含施工影响区域)浮游生物总体群落数(个);

P_{EC}——人工岛建设范围(含施工影响区域)内受破坏和严重影响的滩岸生物群落数(个);

EC_{o}——人工岛建设范围(含施工影响区域)滩岸生物总体群落数(个)。

EB、EF、EC越小,说明海上人工岛的建设对自然存在的生态影响越小或保护越好,方案越优。

4.1.5 海上人工岛的景观生态评价

作为人工建设工程,一方面是对自然条件的改变,另一方面也可以通过工程建设重构生态,以更符合人们的视觉观和生态需求。为区分建设期的影响与建成后的效果,将这两个过程区分开来,这里分析工程建设后的景观生态效果。

景观生态带有强烈的主观意志,对于海上人工岛分三个方面进行分析,人文海岸和水质治理,引用三个参数从陆到岸到水进行分析,这里不对效果进行评估。

$$\mathrm{SL} = \frac{S_{\mathrm{LE}}}{\mathrm{SL}_0} \times 100\% \tag{4.1-10}$$

$$\mathrm{SB} = \frac{S_{\mathrm{BE}}}{\mathrm{SB}_0} \times 100\% \tag{4.1-11}$$

$$SW = \frac{S_{WE}}{SW_0} \times 100\% \tag{4.1-12}$$

式中:SL——海上人工岛陆域景观生态因子,表示为人工岛上进行景观或生态建设的面积与人工岛上可建筑面积之比;

SB——海上人工岛护岸生态因子,表示为人工岛周围进行生态建设的护岸长度与总护岸长度之比;

SW——海上人工岛相对封闭水域生态因子,表示为对人工岛内或岛间水域采取水质保护措施(减排、控制污染、水质净化)的面积与人工岛内或岛间水域面积之比;

S_{LE}——人工岛上进行景观或生态建设的面积(m^2);

SL_0——人工岛上可建筑面积(m^2);

S_{BE}——人工岛周围进行生态建设的护岸长度(m);

SB_0——海上人工岛护岸总长度(m);

S_{WE}——对人工岛内或岛间水域采取水质保护措施(减排、控制污染、水质净化)的面积(m^2);

SW_0——人工岛内或岛间水域面积(m^2)。

应该说,SL、SB、SW 三个指标仅仅是人为行为的粗略评估,在护岸和水域的生态中,产生的实际效果是长期的也是最重要的,因此需要进一步的指标。这三个参数是海上人工岛建设进行的生态补偿,都是正向的。在总体评价中还建议引进一个参数 KS,对其生态效果进行评估,包括预评估、建设期评估和建设后评估和运行期评估。

4.1.6 海上人工岛建设期对生态水动力影响分析

海上人工岛建设对周边生态水动力的影响从时间顺序上分为建筑材料的选择、建设工艺流程及对环境的影响、远期对生态水动力的影响三个段落。一般认为建筑材料的选择方面,实现废物利用被认为是最佳的选择,对环境影响最小,也可以是建筑材料应用的生态优化,如疏浚土的利用会优于利用海砂,混凝土则为生态材料之一。施工的影响以环境承载力及影响范围来判断。运营期的影响主要分析废水的处理。引入三个参数进行分析。

$$CM = \frac{C_{ME}}{CM_0} \times 100\% \tag{4.1-13}$$

$$CC = \frac{C_{CE}}{CC_0} \times 100\% \tag{4.1-14}$$

$$CW = \frac{C_{WE}}{CW_0} \times 100\% \tag{4.1-15}$$

式中:CM——海上人工岛建设材料的生态因子,为采用固体废物和疏浚土等生态材料作为人工岛建设材料的体积与人工岛总建筑材料体积之比;

CC——海上人工岛建设施工工艺对生态水动力的影响因子,为采用污染控制措施有效降低施工污染影响的水域面积与计算有影响的水域面积之比;

CW——海上人工岛运营对生态水动力的影响因子，为人工岛运营期内对排放水（含降雨）进行有效水处理的排放体积与运营期水体（含降雨）排放总体积之比；

C_{ME}——采用固体废物和疏浚土等生态材料作为人工岛建设材料的体积（m^3）；

CM_0——人工岛总建筑材料体积（m^3）；

C_{CE}——采用污染控制措施有效降低施工污染影响的水域面积（m^2）；

CC_0——人工带施工计算有影响的水域面积（m^2）；

C_{WE}——人工岛运营期内对排放水（含降雨）进行有效水处理的排放体积（m^3）；

CW_0——运营期水体（含降雨）排放总体积（m^3）。

之前的参数中已经对海上人工岛建设的影响进行了评估，这里是指减少这些影响的措施，因此指标都是正向的。CM、CC、CW 可以规范减少人工岛建设与运营期对相关环境的影响。

人工岛的生态化与人工岛的功能定位有关，用住居住的人工岛景观和海岸要求高一些，工业用的人工岛运营期的污染控制要求高一些。这里引进参数 KC 来体现权重，KC 值范围是 0.8 ~ 1.2。总体来说，工业用取小值，居住旅游取大值。

4.2 人工岛群用海布局优化评估

根据 2008 年国家海洋局发布的《关于改进围填海造地工程平面设计的若干意见》（国海管字〔2008〕37 号），围填海平面设计主要分为三种类型：人工岛式围填海、多突堤式围填海和区块组团式围填海。每种类型都有其独特的设计理念和适用条件。

人工岛式围填海具有显著的优势，能够在不破坏自然岸线的前提下，最大限度地延长新形成土地的人工岸线。这种设计不仅有助于保护自然环境，还能够提供更多的土地资源。此外，通过建设桥梁和隧道，人工岛与陆地之间的连接可以像延伸式围填海一样便利，确保了交通的顺畅。

为了评价其布局优势，提出了一套评估指标体系和模型，旨在进一步提升围填海工程的规划质量，确保工程的可行性、合理性和环境友好性。通过这些指标的推广和示范应用，可以更有效地指导实际工程的实施，实现经济效益、社会效益和环境效益的最大化。

在海域条件适合的地区，人工岛式围填海因其多方面的优势，应当作为首选的围填海方式。这种选择不仅体现了对自然环境的尊重和保护，也展现了人类利用海洋资源、拓展生存空间的智慧和能力。

4.2.1 人工岛群用海布局优化评估指标和模型研究

围填海建设作为一种改变海域使用方式的重要手段，对近岸海域的地形地貌和岸滩变迁有着直接或间接的影响。这种影响表现在多个方面，如海岸线形态的改变、海底地形地貌的重塑，尤其是大规模围填海活动通过海堤建设，对围填海区的潮汐、波浪等水动力条件产生显著影响，进而形成新的冲淤变化趋势。这些变化将影响近岸海域生态系统的结构和功能，以及生物多样性的变化，特别是对滨海湿地生境条件产生重要影响。

合理的围填海工程布局能够最大程度地减少这些负面影响。通过精心设计的工程,不仅可以有效保护海洋生态环境、避免对近岸水动力过程和地形地貌的破坏,而且还能积极营造更加丰富的亲水和亲海环境。这样的环境不仅有利于海洋生态的保护,还能形成和建造有效的海岸景观,从而提升围填海区域的娱乐休闲价值,为人们提供更加优质的海滨生活体验。

为了实现这一目标,需要更好地开展围填海布局的优化设计。这种设计不仅要贯穿于围填海工程的各个环节,确保每一步都符合生态保护和可持续发展的要求,而且还要作为各级海洋管理部门审核围填海项目的重要依据。在进行围填海布局优化设计时,主要考虑的因素可以归纳为三大方面:首先,不同的围填海布局方式涉及工程的整体规划和设计,需要根据具体的海域条件和使用需求来确定;其次,围填海自身的布局方面这包括工程用海面积(填海面积和水域面积)、外轮廓形状、主要区块功能、离岸距离、水道宽度等,这些因素直接关系到工程的可行性和效果;最后,还需要考虑围填海对周围区域的环境影响,包括对水动力条件、生态系统、生物多样性等方面的影响,以确保工程的实施不会对周边环境造成不可逆转的损害。

4.2.2 人工岛式围填海布局优化评估指标

1)人工岛空间形状评价指标

为了促进人工岛平面设计尽量延伸岸线长度,营造更多近海亲水海岸环境,提高人工岛围填形成土地的开发利用价值,保护海洋生态环境,采用人工岛形状指数 LSI 表征人工岛平面设计的空间复杂程度,人工岛形状指数为人工岛围填海面积与周长的比例,计算方法如下:

$$\mathrm{LSI}=\frac{0.25E}{\sqrt{A}} \tag{4.2-1}$$

式中:E——人工岛围填海岸线总长度(km);

A——人工岛总面积(km^2)。

当人工岛形状指数 LSI < 1.0 时,表示人工岛平面形状接近于圆形,人工岛岸线较短,临海区域较小;当人工岛形状指数 LSI = 1 时,表示人工岛平面形状呈正方形,人工岛岸线增长,临海区域增大;当人工岛形状指数 LSI > 1 时,表示人工岛平面形状不规则或偏离正方形,而且 LSI 值越大,人工岛平面形状越复杂,人工岛海岸线越长,临海区域越大。

为了表征人工岛围填海对海岸线及临海区域的营造程度,将人工岛形状指数可以划分为 5 个等级。具体的人工岛形状指数划分等级见表 4.2-1。

人工岛形状指数等级划分与标准化　　表 4.2-1

LSI 值	等级	指标意义	标准化值
LSI≤1.0	Ⅴ级	人工岛平面形状极简单,岸线延伸体现极少	0.2
1.0 < LSI≤1.2	Ⅳ级	人工岛平面形状简单,岸线延伸体现很少	0.4
1.2 < LSI≤1.5	Ⅲ级	人工岛平面形状复杂,岸线延伸得以体现	0.6
1.5 < LSI≤2	Ⅱ级	人工岛平面形状很复杂,岸线延伸较大	0.8
LSI > 2.0	Ⅰ级	人工岛平面设计极复杂,岸线延伸很大	1.0

2)人工岛距离海岸线远近评价指标

人工岛建设距离大陆海岸线的远近距离是表征人工岛对海岸生态环境影响的一个重要指标。一般人工岛距离大陆海岸线越远,对海岸生态环境的影响越小;人工岛距离大陆海岸线越近,其建设对海岸生态环境的影响越大。过于靠近大陆海岸线的人工岛,会因水动力不畅、泥沙长期淤积而最终与大陆连为一体,改变人工岛的设计初衷。本研究采用人工岛离岸指数 H 表征人工岛距离大陆海岸线的远近距离,人工岛离岸指数为人工岛海岸线距离大陆海岸线的最短距离。人工岛离岸指数计算方法如下:

$$H = H_i \tag{4.2-2}$$

式中:H——人工岛离岸指数;

H_i——人工岛距离大陆海岸线的最短距离(km)。

根据人工岛距离大陆海岸线的距离,将人工岛离岸指数划分为5个等级。人工岛离岸指数标准化赋值具体见表4.2-2。

人工岛离岸指数等级划分与标准化 表4.2-2

H值	等级	指标意义	标准化值
$H \leq 0.2$	Ⅴ级	人工岛距离大陆过近,人工岛特征不明显,极易发生淤积	0.2
$0.2 < H \leq 0.5$	Ⅳ级	人工岛距离大陆较近,较易发生淤积	0.4
$0.5 < H \leq 1.0$	Ⅲ级	人工岛距离大陆适中,人工岛特征明显	0.6
$1.0 < H \leq 2.0$	Ⅱ级	人工岛距离大陆远,人工岛特征很明显	0.8
$H > 2.0$	Ⅰ级	人工岛距离大陆极远,人工岛特征极明显	1.0

3)人工岛建设的亲海岸线营造程度评价指标

为了表征人工岛建设对人民群众亲海、亲水环境的营造程度,增加有效亲海、亲水海岸线长度,促进人工岛平面设计满足人民群众日益增长的亲海、亲水需求,采用亲海岸线指数表征人工岛建设对亲海岸线的营造程度。亲海岸线指数为人工岛建设区域新增公众亲海海岸线长度占人工岛建设形成海岸线总长度的比例,其计算公式为:

$$C_z = \frac{L_p}{L_t} \tag{4.2-3}$$

式中:C_z——亲海岸线指数;

L_p——人工岛区域内新增公众亲海岸线长度,这里的公众亲海岸线是指社会公众能够自由到达的海岸线(km);

L_t——人工岛形成岸线总长度(km)。

根据亲海岸线指数大小可划分为5个亲海等级。不同亲海岸线等级标准化赋值具体见表4.2-3。

人工岛亲海岸线等级划分与标准化 表4.2-3

C_z值	等级	指标意义	标准化值
$C_z \leqslant 0.1$	Ⅴ级	亲海岸线比例很低	0.2
$0.1 < C_z \leqslant 0.2$	Ⅳ级	亲海岸线比例较低	0.4
$0.2 < C_z \leqslant 0.3$	Ⅲ级	亲海岸线比例高	0.6
$0.3 < C_z \leqslant 0.5$	Ⅱ级	亲海岸线比例很高	0.8
$C_z > 0.5$	Ⅰ级	亲海岸线比例极高	1.0

4)人工岛临岸区域面积比例评价指标

为了控制人工岛建设规模过大产生的海洋生态环境累积影响,同时提高人工岛建设形成土地的临岸效果,避免大面积、大片块的人工岛建设对海洋生态环境带来的巨大影响,采用临岸区域指数表征人工岛平面设计中邻近海岸线区域面积比例的大小。临岸区域指数为人工岛海岸线100m范围内的岛上土地面积与人工岛建设形成土地总面积的比例。计算方法如下:

$$A_c = \frac{S_{100}}{S_0} \tag{4.2-4}$$

式中:A_c——临岸区域指数;

S_0——人工岛形成土地总面积(km^2);

S_{100}——人工岛海岸线100m范围内的土地面积(km^2)。

临岸区域指数可以划分为5个等级。不同等级临岸指数标准化赋值具体见表4.2-4。

临岸区域指数等级划分与标准化 表4.2-4

A_c值	等级	指标意义	标准化值
$A_c \leqslant 0.1$	Ⅴ级	单块人工岛面积规模过大,临海区域比例很低	0.2
$0.1 < A_c \leqslant 0.2$	Ⅳ级	单块人工岛面积规模较大,临海区域比例较低	0.4
$0.2 < A_c \leqslant 0.3$	Ⅲ级	单块人工岛面积规模大,临海区域比例低	0.6
$0.3 < A_c \leqslant 0.5$	Ⅱ级	单块人工岛面积规模适中,临岸区域较丰富	0.8
$A_c > 0.5$	Ⅰ级	单块人工岛面积规模较小,临岸区域极丰富	1.0

5)水域景观营造程度评价指标

为了在人工岛群范围内保留充足的水域面积,提高人工岛形成土地的亲水、亲海环境,增强人工岛区域的水域景观效果,采用水域景观指数表征人工岛群用海范围内水域景观营造程度。水域景观指数为人工岛群用海范围内水域预留面积占人工岛规划范围总面积的比例。计算公式如下:

$$A_w = \frac{S_w}{S_0} \tag{4.2-5}$$

式中:A_w——水域景观指数;

S_w——人工岛规划范围总面积(km^2);

S_0——人工岛规划范围内水域预留面积(km^2)。

根据人工岛用海范围内水域景观指数大小，将水域景观指数划分为5个等级，见表4.2-5。

水域景观指数等级划分与标准化　　表4.2-5

A_w值	等级	指标意义	标准化值
$A_w \leq 0.05$	Ⅰ级	水域面积预留很少，亲海水域贫乏	0.2
$0.05 < A_w \leq 0.15$	Ⅱ级	水域面积预留较少，亲海水域一般	0.4
$0.15 < A_w \leq 0.25$	Ⅲ级	水域面积预留充足，亲海水域丰富	0.6
$0.25 < A_w \leq 0.35$	Ⅳ级	水域面积预留较充足，亲海水域较丰富	0.8
$A_w > 0.35$	Ⅴ级	水域面积预留很充足，亲海水域很丰富	1.0

4.2.3 围填海布局评估结果等级划分

为了对围填海布局优劣程度开展综合判断，可根据综合评价指数数值的大小进行围填海布局优劣程度的等级划分。综合评价指数是根据以上各个指标乘以各自的权重并求和得出，在无特殊评价时各指标的权重数按0.2计算即可。当围填海布局优化评估指数(M)大于0.8时，其布局等级为最高级Ⅰ级，综合评语为优秀；当围填海布局优化评估指数处于0.6～0.8之间时，其布局等级为Ⅱ级，综合评语为优良；当围填海布局优化评估指数处于0.4～0.6之间时，其布局等级为Ⅲ级，综合评语为良好；当围填海布局优化评估指数处于0.2～0.4之间时，其布局等级为Ⅳ级，综合评语为一般；当围填海布局优化评估指数处于0～0.2之间时，其布局等级为Ⅴ级，综合评语为欠缺。围填海布局评估等级划分具体见表4.2-6。

围填海布局评估等级划分　　表4.2-6

M值	等级	评价	说明
$M > 0.8$	Ⅰ级	优秀	完全按照围填海布局实施
$0.6 < M \leq 0.8$	Ⅱ级	优良	严格按照围填海布局实施
$0.4 < M \leq 0.6$	Ⅲ级	良好	围填海布局个别指标需要调整
$0.2 < M \leq 0.4$	Ⅳ级	一般	围填海布局部分指标需要调整
$M \leq 0.2$	Ⅴ级	欠缺	需要全面调整布局

对于围填海布局优化评估在Ⅲ级以上的规划，要按照围填海布局方案实施；对于围填海布局优化评估为Ⅳ级，评语为一般的规划，规划实施过程中需要注意改进围填海布局；对于围填海布局优化评估为Ⅴ级，评语为欠缺的规划，需要调整围填海布局，方可通过审批。

4.3 旅游功能评估

蓬莱地处山东半岛最北端，濒临渤海和黄海，拥有得天独厚的地理位置和丰富的自然资源，先后被授予中国优秀旅游城市、中国最佳休闲旅游城市、国家环保模范城市、国家卫生城市、中国葡萄酒名城、中国特色魅力城市等称号，充分证明了蓬莱在旅游、环保、卫生、葡萄酒产业等方面的优势和特色。“人间仙境”和“葡萄海岸”是蓬莱区具有垄断性的资源。其中，“人间仙境”是蓬莱最传统，也是目前最具市场号召力的旅游核心吸引力。蓬莱区海岸地带的发展以“生态岸线”作为基底,在此基础上进行了生产岸线和生活岸线的功能区划,体现了蓬莱区在海岸带开发中注重生态保护和可持续发展的理念。

本工程人工岛隶属于蓬莱国家级海洋公园,主要以居住度假功能为主,配套建设商业、办公、酒店、社区中心等。这表明蓬莱区在海岸带开发中,不仅注重生态保护,还注重旅游度假、商业服务等多元化功能的融合,以满足不同人群的需求。根据山东半岛蓝色经济区建设总体规划,按照国家和山东省海洋管理部门“集约用海、科学用海”的海洋开发方针,确立将该区域定位为“蓝色经济区建设的新空间、世界一流的城市新组团、旅游产业发展的新海岸”。这为蓬莱区的海岸带开发提供了明确的方向和目标,也为蓬莱区的未来发展指明了道路。

因此,评估其旅游功能是鉴定其开发特点的重要属性。旅游功能是指旅游开发与当地社会、经济、文化、环境等方面的协调发展,实现旅游产业的可持续发展。

4.3.1 旅游环境容量评估

旅游环境容量是指在不引起资源负面影响、不降低游客满意度、不对区域社会经济文化构成威胁的前提下,某一特定地区所能承受的最大使用水平。一般来说,旅游环境容量可以量化为该地区能够接待的最大游客数量。确定旅游环境容量,是保障游览区生态质量的重要手段,也是解决区域社会经济发展与生物多样性资源保护之间矛盾的基本方法。

旅游环境容量的确定涉及多个方面,包括生态旅游的主体、客体、媒体,以及生态旅游环境的各个子系统及其组成要素。这一过程具有广泛性、综合性和复杂性的特点,通过对这些因素的综合分析,可以确定旅游开发的最大限度,避免对生态系统造成不可逆转的损害。这是进行生态旅游规划与管理的重要依据,能有效避免盲目投资和开发,从而实现旅游资源的可持续利用。

在评估旅游环境容量时,需要综合考虑多个因素,包括自然环境的承载能力、游客行为对环境的影响、社会经济条件、文化背景以及管理设施的完善程度。通过科学测算和分析,可以确定合理的游客容量,从而制定相应的管理和控制措施,确保旅游活动在可持续发展的轨道上进行。

此外,旅游环境容量的测算还可以为旅游区的发展提供科学依据,帮助管理者制定更加合理的发展规划。通过合理的容量控制,可以避免过度开发带来的环境问题,提高游客的体验质量,增强旅游区的吸引力和竞争力。

4.3.2 旅游环境容量评估原则

可持续利用原则是指在保证旅游资源质量不下降和生态环境不退化的前提下,对旅游资源进行开发和利用。该原则旨在实现旅游业的长期发展,并为子孙后代留下宝贵的自然资源和生态环境。

可持续利用原则主要包含以下几个方面:

(1)资源保护。旅游开发和活动应遵循生态规律,保护旅游资源的原真性,避免对自然环境造成破坏。

(2)容量控制。旅游景区应根据自身的承载能力,合理确定游客的最大接待量,避免过度开发造成资源枯竭和环境恶化。

(3)社区参与。当地社区应积极参与旅游资源的管理和开发,分享旅游业带来的经济和社会效益。

(4)长远规划。旅游发展规划应注重长远效益,兼顾资源保护、环境保护和经济发展三者的平衡。

蓬莱国家级海洋公园位于山东省蓬莱市,是国家首批审批的5A级旅游景区之一。公园规划生态旅游区(适度利用区)总面积为 $3054.17 \times 10^4 m^2$,拥有丰富的海洋资源和自然景观。

根据可持续利用原则,蓬莱国家级海洋公园采用面积法测算了日旅游资源容量。具体公式如下:

$$C = \frac{A}{A_0} \times \frac{T}{T_0} \tag{4.3-1}$$

式中:C——日旅游资源容量(人/天);

A——旅游活动区域面积(m^2),可按生态旅游区总面积的60%计;

A_0——每位游人应拥有的合理面积(m^2/人);在实际测算中,应按照旅游资源类型特征及其生态保护目标,根据海洋公园实际情况合理确定每位游人应拥有的合理面积;

T——旅游活动区域全天开放的时间(h);

T_0——游人在旅游活动区域内停留的平均时间(h);应按照旅游资源类型合理确定游人在旅游活动区域内停留的平均时间。

根据实际情况,蓬莱国家级海洋公园确定了以下参数值:$A = 30541700m^2$,$A_0 = 200m^2$/人,$T = 8h$,$T_0 = 8h$。

代入公式计算得出:$C = 30541700 \times 60\% / 200 \times 8/8 = 91625$(人/天)。

根据蓬莱国家级海洋公园的实际情况,确定全年适宜旅游天数 N 为200天(约7个月),则全年游客最适接纳量 C_0 为:$C_0 = C \times N = 91625$ 人/天 $\times 200$ 天 $= 1832.5$ 万人次。

综合分析,蓬莱国家级海洋公园从环境容量来看具有良好的发展潜力,环境容量不会成为旅游发展的限制因子。但景区仍需对节假日客流进行合理的控制,避免游客量超过环境容量,影响旅游资源的质量和生态环境的保护。

4.3.3 游客规模评估

1)游客规模评估

海洋公园生态旅游区的游客规模受社会因素、经济收入、社会经济地位、旅游费用、交通因素等条件的影响。游客规模评估是海洋公园规划中的重要组成部分之一,既是公园效益分析、基础设施建设的依据,也是公园发展过程中游客容量控制的重要参考。

根据对旅游客源分析并以周围景区近年来游客统计资料为基础，参考国内外保护区旅游发展的数据，综合预测2020—2030年蓬莱国家级海洋公园游客规模，为旅游服务设施建设及经济效益分析提供数据。

根据蓬莱国家级海洋公园及周边地区相似区位和等级的生态旅游区起步期的游客规模以及客源市场分析，结合海洋公园的定位、特点和环境容量，以海洋公园2017年的游客数量为基数，按照以下计算公式预测规划时期内的蓬莱国家级海洋公园各年的游客规模进行测算，计算公式如下：

$$S_{\mathrm{i}} = S \times (1 + P)^{n} \tag{4.3-2}$$

式中：S_{i}——年游人规模（万人次）；

S——基数游人规模（万人次）；

P——年游人增长率；

n——年数。

2017年蓬莱共接待国内外游客1045万人次，考虑到海洋公园宣传有待深入，基础设施不够完善等问题，初步估计在近期海洋公园的游客规模占蓬莱旅游业的30%左右，这个比重会随着公园的开发深入逐步提升。2017年海洋公园游客人数约310万人次。随着蓬莱旅游业的不断发展及海洋公园整体发展规划的完善，2020年海洋公园的游客人数会有较大的增长，估计增长率为10%，即2020年蓬莱海洋公园的游客人数约为412万人次。

依据海洋公园整体旅游的发展实际情况，以及同蓬莱国家级海洋公园相类似的地质公园发展规划，对蓬莱国家级海洋公园的游客规模进行测算见表4.3-1。

蓬莱国家级海洋公园2020—2030年游客规模预测表 表4.3-1

序号	预算年份	游客规模（万人次）	年增长率
1	2017	310	—
2	2020	412	10%
3	2025	605	8%
4	2030	772	5%

资料来源：《蓬莱国家级海洋公园总体规划（2020—2030）》。

从游客规模预测可以看出，到2030年游客规模为772万人，并趋于相对稳定。由于周边旅游区的不断发展、业界竞争的不断加剧、国家政策和社会经济的发展变化，上述预测会有一定幅度的变化，管理者应该根据市场的变化适时调整营销策略以吸引游客。

2）控制措施

针对蓬莱国家级海洋公园不同旅游活动区域及不同期游客规模控制目标，制定具体的控制措施如下：

（1）价格控制。

价格手段是旅游景区控制游客进入量的一种最普遍的做法。大多数景区都有淡旺季之分，旺季游客爆满，淡季游客寥寥无几。为了从一定程度上改善这种情况，海洋公园旅游区可以采取在淡旺季制定不同的门票价格方式来调整游客的数量。旺季时适当提高景区门票价格,以阻止过多的游客进入,淡季时适当降低门票价格,以鼓励游人前来游玩。这样既能控制旺季时旅游区的游客量,又能增加淡季时旅游区的收入。

(2)预防性管理措施。

为了防止旺季旅游景区游客过多对景区资源造成破坏,对游客旅游体验产生不良影响,旅游景区需要在旺季到来之前做好预防工作。可以采取以下措施:①采取一些折扣方法鼓励游客来访避过高峰时期。②在旅游高峰期暂停促销活动。旅游景区的宣传促销活动是为了吸引更多的游客前来参观游览,但是由于旺季已经人满为患了,因此在旺季时应暂停促销活动,以防止游客数量继续增加。③景点在接待量将近饱和时通知有关的大众传媒。通过大众传媒将景区游客接待情况传递给旅游者,有利于旅游者做出科学的决策,可能一部分旅游者会临时取消到该景区的旅游计划,毕竟大多数旅游者都难以忍受旅游区内游人接踵摩肩的状况。因此,这种方式对于旺季时控制游客数量也能起到一定的作用。

(3)现场控制措施。

现场控制措施主要是通过对门票出售总量的控制来限制游客的进入量。这种方法对于控制游客数量十分有效。但是,这种"硬"方法存在一个很大的不足,就是会引起游客的不满和抱怨。有的游客是不远千里过来旅游,到了景点却被拒之门外,这样就会打乱游客的计划,必然会引起游客的不满,而且还会使游客对景区产生不好的印象,甚至永远失去游兴。

(4)补救性管理措施。

当一个旅游景区的接待量超过了旅游景区资源的承载力之后,就应该及时采取一些补救性措施,尽量减小游客过多带来的问题。可以对某些敏感区域实行暂时关闭,禁止大量游客参观,以防止对这些极易受到破坏的敏感资源造成不可挽回的损失。可以通过提供导游服务,错位分配旅游线路进行游客分流,通过改变各个游览点的参观顺序,尽量使各旅游团的参观活动在时间和空间上不产生冲突。对景区内游客较多的娱乐项目采取较合理的排队管理办法,如可以通过购买特定时间段娱乐项目使用权的办法来减少在该处排队的游客,游客购买了一定时间段的使用权之后可以先去游玩景区内其他景点,到了购买时段再来参加这个项目的活动,这样就避免了游客在某一个地点长期等候的现象发生。在英国奥尔顿塔楼、伦敦眼等主题公园就引入了绩效排队体系,即通过计算机订票系统保留各自位置,并在指定时间获得相应位置,基本避免了排队等待现象。

5 离岸人工岛岛壁安全设计

5.1 设计条件

蓬莱西海岸海洋文化旅游产业聚集区区域建设用海工程包括两座大人工岛、一座小人工岛和接岸陆域,水工建筑物包括海堤、护岸、人工沙滩和临时海堤。其中海堤长10140.1m,直立护岸长5350.7m,斜坡护岸长2758.6m,台阶式景观护岸长1198.8m,人工沙滩长2588.1m,临时海堤长890.7m。建筑物安全等级为二级。

5.1.1 设计水位

考虑人工岛项目的特点,结合海域潮位资料,确定设计水位(当地理论最低潮面起算)如下:设计高水位+1.80m,设计低水位+0.02m,极端高水位+3.02m,极端低水位-1.37m。

5.1.2 设计波浪

详见第二章关于潮汐、潮流、波浪的条件描述。

波浪断面试验采用波浪要素,见表5.1-1。

试验波浪要素 表5.1-1

位置	波向	重现期	设计水位	$H_{1\%}$ (m)	$H_{5\%}$ (m)	$H_{13\%}$ (m)	$\overline{H}$ (m)	$\overline{T}$ (s)	$\overline{L}$ (m)
1号	NW	50年	极端高水位	5.8	4.9	4.3	2.7	9.0	84
1号	NW	50年	设计高水位	5.5	4.7	4.1	2.6	9.0	80
1号	NW	50年	设计低水位	4.9	4.3	3.8	2.3	9.0	74
1号	NW	10年	极端高水位	4.4	3.7	3.2	2.0	7.9	72
1号	NW	10年	设计高水位	4.3	3.7	3.1	2.0	7.9	69
1号	NW	10年	设计低水位	4.0	3.4	3.0	1.8	7.9	63

续上表

位置	波向	重现期	设计水位	$H_{1\%}$ (m)	$H_{5\%}$ (m)	$H_{13\%}$ (m)	$\overline{H}$ (m)	$\overline{T}$ (s)	$\overline{L}$ (m)
4号	NW	50年	极端高水位	5.2	4.4	3.8	2.4	9.0	85
4号	NW	50年	设计高水位	4.9	4.1	3.6	2.2	9.0	81
4号	NW	50年	设计低水位	4.1	3.5	3.0	1.9	9.0	74
4号	NW	10年	极端高水位	4.1	3.4	2.9	1.8	7.9	72
4号	NW	10年	设计高水位	3.9	3.3	2.8	1.8	7.9	69
4号	NW	10年	设计低水位	3.4	2.9	2.5	1.6	7.9	64
7号	NW	50年	极端高水位	4.7	4.0	3.5	2.2	9.0	78
7号	NW	50年	设计高水位	4.4	3.8	3.3	2.1	9.0	74
7号	NE	50年	设计低水位	2.5*	2.5*	2.5*	2.0	9.1	79
7号	NW	10年	极端高水位	3.7	3.1	2.6	1.7	7.9	67
7号	NW	10年	设计高水位	3.5	3	2.5	1.6	7.9	63
7号	NE	10年	设计低水位	2.5*	2.5*	2.5*	1.6	9.0	66

注:1. 表中带*数表示破碎波高。

2. $H_{1\%}$、$H_{5\%}$、$H_{13\%}$分别表示累积频率为1%、5%、13%的波高;$\overline{H}$、$\overline{T}$、$\overline{L}$分别表示平均波高、平均周期、平均波长。

5.1.3　设计荷载

使用期荷载:

(1)恒载:水工建筑物自重;

(2)波浪荷载:按照《海港水文规范》(JTJ 213—1998)相关公式进行计算;

(3)均布荷载:堤顶将作为景观道路使用,荷载主要有汽车等流动荷载以及行人、绿化种植等堆载。后方均布荷载按人群荷载考虑,取5kPa。

各种车辆荷载按公路—Ⅱ级考虑。

5.1.4　施工期荷载

施工期主要荷载有运输车辆、临时堆料及施工机械等,统一按照均布荷载20kPa考虑。

5.2　结构设计

5.2.1　高程设计

1)陆域高程

陆域高程应根据总体设计要求、潮位特征、防汛要求、陆域使用功能、地基情况、类似工程经验、周边工程情况等因素,经综合分析后确定。

陆域高程对于主要依靠围海造地形成的陆域而言,意义重大,陆域高程选取适当,可大大减少填方量,节省投资。

根据《海港总平面设计规范》(JTJ 211—1999)有关规定按有掩护港口码头前沿高程确定陆域高程。

基本标准,设计高水位+超高=1.8+(1.0~1.5)=2.8~3.3m;

复核标准,极端高水位+超高=3.02+(0~0.5)=3.02~3.52m。

因本项目面积比较大,仅两座大人工岛外海侧波浪较大,堤顶高程较高,在满足大部分岸线景观效果前提下,参考蓬莱港现有码头面高程,蓬莱人工岛工程陆域高程确定为4.5m。

2)防浪墙顶高程设计

(1)防浪标准的选用。

从节省造价、提高造陆区整体景观出发,项目按允许越浪设计,临岸地面设置横向排水坡度并设排水沟。堤后越浪量满足《海堤工程设计规范》(SL 435—2008)不大于0.02m^3/(s·m)的要求。

(2)防浪墙顶高程。

根据规范,允许越浪海堤堤顶高程应根据设计高潮位、波浪爬高及安全价高值计算,并应高出设计高潮位1.0~2.0m,迎浪面防浪墙顶高程计算公式如下:

$$Z_P = h_P + R_F + A \tag{5.2-1}$$

式中:Z_P——50年一遇的堤顶高程(m);

h_p——50年一遇的高潮位(m);

R_F——累积频率$F=13\%$的波浪爬高(m);

A——安全加高值(m)。

$$R_F = K_\Delta R_1 H \tag{5.2-2}$$

$$R_1 = K_1 \mathrm{th}(0.432M) + [(R_1)_m - K_2]R(M) \tag{5.2-3}$$

$$M = \frac{1}{m}\left(\frac{L}{H}\right)^{\frac{1}{2}}\left(\mathrm{th}\frac{2\pi d}{L}\right)^{-\frac{1}{2}} \tag{5.2-4}$$

$$(R_1)_m = \frac{K_3}{2}\mathrm{th}\frac{2\pi d}{L}\left(1 + \frac{\frac{4\pi d}{L}}{\mathrm{sh}\frac{4\pi d}{L}}\right) \tag{5.2-5}$$

$$R(M) = 1.09M^{3.32}\exp(-1.25M) \tag{5.2-6}$$

式中:K_Δ——糙渗系数,取0.65;

R_1——$K_\Delta=1$、$H=1$时的波浪爬高(m);

H——考虑重现期为50年一遇的$H_{1\%}$波浪高(m);

$(R_1)_m$——相应于某一d/L时的爬高最大值(m);

M——与斜坡坡度有关的函数;

$R(M)$——爬高函数;

K_1、K_2、K_3——函数,$K_1=1.24$,$K_2=1.029$,$K_3=0.98$。

经计算,各段岸线防浪墙顶高程见表5.2-1~表5.2-4。

人工岛A岸线堤顶高程表 表5.2-1

控制点	岸线形式	堤(防浪墙)顶高程(m)
A1—A2	海堤	8.50
A2—A3	海堤	7.00
A3—A4	直立护岸	4.50
A4—A5	斜坡护岸	4.50
A5—A6	斜坡护岸	4.50
A6—A7	人工沙滩	4.50
A7—A1	海堤	7.00

人工岛B岸线堤顶高程表 表5.2-2

控制点	岸线形式	堤(防浪墙)顶高程(m)
B1—B2	海堤	8.00
B2—B3	海堤	7.00
B3—B4	人工沙滩	4.50
B4—B5	斜坡护岸	4.50
B5—B6	斜坡护岸	4.50
B6—B7	直立护岸	4.50
B7—B1	海堤	7.00

人工岛C岸线堤顶高程表 表5.2-3

控制点	岸线形式	堤(防浪墙)顶高程(m)
C1—C2	海堤	8.00
C2—C3	直立护岸	4.50
C3—C4	斜坡护岸	4.50
C4—C1	直立护岸	4.50

接岸陆域岸线堤顶高程表 表5.2-4

控制点	岸线形式	堤(防浪墙)顶高程(m)
D1—D2	海堤	7.50
D2—D3	直立护岸	4.50
D3—D4	人工沙滩	4.50
D4—D5	直立护岸	4.50
D5—D6	台阶式景观护岸	4.50
D6—D7	直立护岸	4.50
D7—D8	人工沙滩	4.50
D8—D9	直立护岸	4.50
D9—D10	海堤	8.00
D10—D11	临时海堤	5.00

(3)越浪量计算。

越浪量主要用于考核堤顶高程的设计是否能满足使用要求,斜坡堤堤顶允许跃浪量应满足《海堤工程设计规范》(SL 435—2008)的允许越浪限值,堤顶有护面时越浪量不大于0.02m^3/(s·m)。

堤后越浪量根据《海堤工程设计规范》(SL 435—2008)有关公式计算。经计算,项目最大越浪量为0.013m^3/(s·m),符合允许越浪量不大于0.02m^3/(s·m)的标准。

根据《蓬莱市西海岸旅游文化产业集聚区区域建设用海工程波浪断面物理模型试验报告》结果,A1—A2段海堤越浪量最大为0.0082m^3/(s·m),B1—B2段海堤越浪量最大为0.0088m^3/(s·m),B7—B1段海堤基本不越浪,均满足要求。

3)堤顶与陆域的衔接

堤顶高程应同时满足规范及人工岛景观的需要。根据规范,允许少量越浪设计时,不计防浪墙的堤顶高程应高于极端高水位。

从符合景观要求考虑,堤顶与防浪墙高差不宜过大,应以不阻挡堤上人员观景视野为前提进行布置。根据类似工程经验,两者高差不宜大于1.5m为宜,波浪小的区域护岸不设防浪墙。

海堤堤顶较高,在挡浪墙后分别设置8m宽的观景道路,考虑观景需求。道路与挡浪墙之间设排水沟,路面与陆域高程之间设1∶2的坡度,坡上铺种植土和混凝土六角框格植草护坡,每隔100m设一组宽10m的条石台阶,详见图5.2-1~图5.2-3。

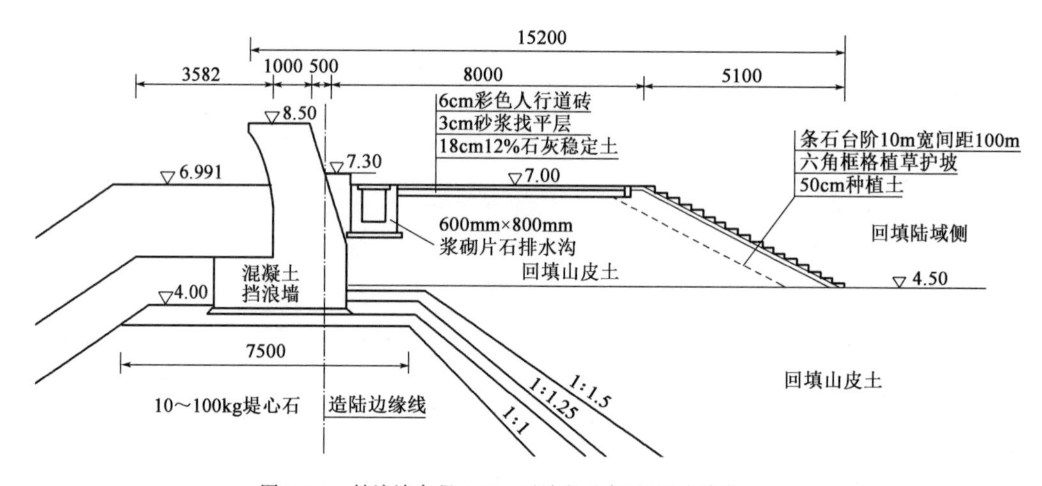

图5.2-1 挡浪墙高程8.50m过渡段示意图(尺寸单位:mm)

5.2.2 海堤

海堤作为一种重要的海岸防护工程,设计和建造需要综合考虑多种因素。首先,海堤的主要作用是防止海水侵蚀陆地,减少波浪对岸边的冲击,并在某些情况下提供围堰功能以便进行其他建筑工程。在施工期间,选择合适的设计方案至关重要。斜坡式结构因其良好的稳定性和适应性被选为蓬莱人工岛工程的方案。

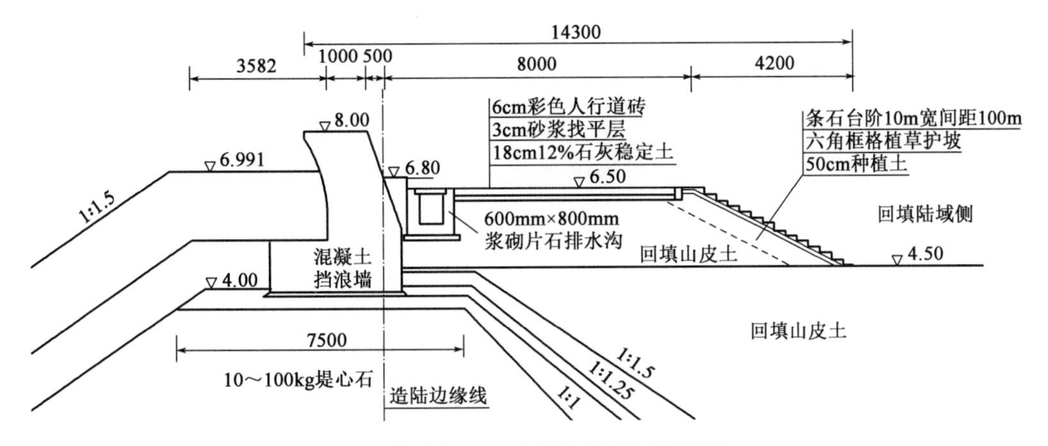

图 5.2-2　挡浪墙高程 8m 过渡段示意图(尺寸单位:mm)

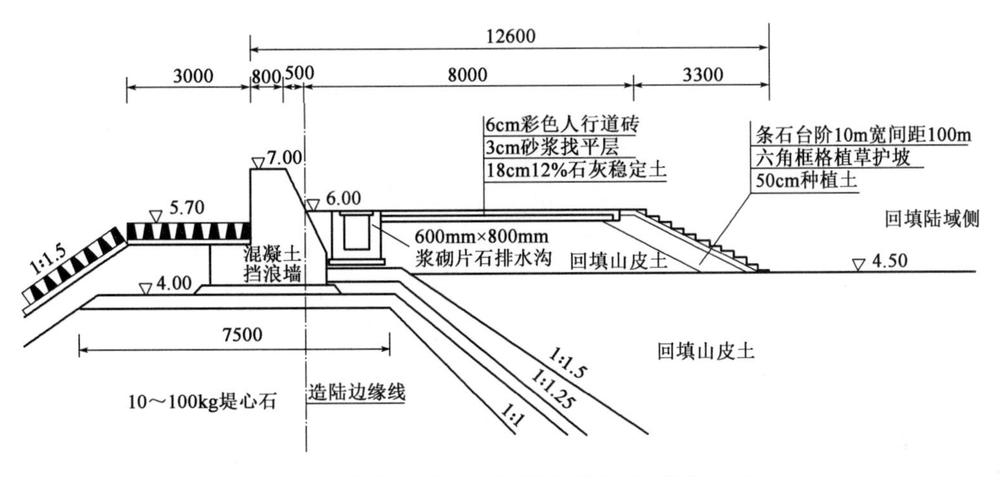

图 5.2-3　挡浪墙高程 7m 过渡段示意图(尺寸单位:mm)

在选择筑堤材料时,抛石和袋装砂是两种常见的选择。抛石堤具有技术成熟、耐久性强的优点,可以通过水上抛填或陆上回填的方式进行施工。这种方法简单快捷,便于控制质量,并适用于石料供应充足且运输方便的地区。袋装砂堤因其整体性好而受到青睐,在绞吸船取砂和泥浆泵充填的支持下可以实现有效建设。尽管这种施工方法需要更多的船机配合且速度适中,但在石料资源稀缺、价格高昂而海砂资源丰富的地区尤为适宜。

1)堤身材料的选择

在建设海堤时必须充分考虑到自然条件如波浪影响、水深及地质状况等因素的差异,并根据不同位置的特点来调整各段的结构设计。通过技术经济比较确定最佳方案,并确保所选设计方案能够满足造陆区的安全需求并合理控制投资成本。

由于蓬莱市西海岸侵蚀现象严重,岸线蚀退,工程区就近取砂吹填势必对海岸形成更严重的侵蚀破坏作用,因此选择袋装砂筑堤不可行。工程区石料资源丰富,价格便宜,规划物料区距离工程区较近,因此海堤采用抛石斜坡堤结构方案。根据设计水位和已确定的挡浪墙顶及陆域高程,确定堤顶高程为 4.0m。

2)堤身结构尺度

(1)堤顶宽度。

堤顶宽度一般可取(1.10～1.25)$H_{13\%}$,且至少能够安放两排或随机安放3块人工块体。如考虑陆上推进施工,尚应满足施工机械作业要求。考虑以上因素及本工程挡浪墙断面尺寸,堤顶宽度取7.5m。

(2)边坡坡度。

坡度应根据海堤使用功能、海堤高度、海堤结构形式、地质情况和施工难易程度,结合类似工程经验综合考虑确定。在满足稳定需要的前提下,尽量减少放坡长度,海堤外坡取1∶1.5,内坡取1∶1。A1—A2、B1—B2、C1—C2、D9—D10和D1—D2段海堤在高程2.0m处设5.373m宽戗台。A2—A3、A7—A1、B2—B3、B7—B1段海堤在高程2.0m处设6m宽戗台。

3)护面及护底

根据本项目的堤防等级、本海域的波浪条件和附近类似工程的实践经验,护面结构可采用四脚空心方块、扭王字块或钢筋混凝土栅栏板等人工块体形式。

扭王字块:一般用于波高大于3m的情况,有强度大、稳定性好、混凝土有效利用率高、防波浪效果好、适应坡面不平整等优点,但混凝土用量大、成本高。

四脚空心方块:适用于水深不大和波高小于4m的地区,一般用于波高2～4m的情况,也可用于波浪、水流复杂的圆弧段或堤头护面。外观较好,混凝土用量较大,对垫层块石理坡精度要求较高,成本比扭王字块稍低,适应不规则坡面能力较强。

栅栏板:利用纵梁与肋条形成的空隙消浪,利用较大的平面尺度保持自身的稳定性,利用钢筋混凝土提高块体构件的强度,减少混凝土用量。一般用于波高小于4m的情况。外观美观,耐久性好,整体性好,但是不大适用于不规则坡面。

结合本工程波浪情况,A1—A2、B1—B2、C1—C2、D9—D10和D1—D2段海堤基本都位于外海侧或口门处,波浪都较大,选用扭王字块护面,扭王字块规格为5t,其下铺设1.2m厚200～300kg块石垫层,底部分别设10m宽100～200kg护底块石;A2—A3、A7—A1、B2—B3、B7—B1段海堤位于有一定掩护的区域,波浪不大,且这些区域对景观有一定要求,故选用栅栏板护面,栅栏板规格为3000mm×2400mm×500mm,其下铺设0.6m厚60～100kg块石垫层,底部设2000mm厚200～300kg抛石棱体,棱体下设600mm厚60～100kg护底块石。

4)倒滤结构

堤内侧设倒滤层,由内至外依次为顶厚300m二片石、顶厚300m碎石、土工布、顶厚300m碎石,坡度分别为1∶1、1∶1.25、1∶1.25、1∶1.5。

5)堤顶结构

堤顶上部依次为300mm厚二片石、100mm厚C15素混凝土垫层、混凝土挡浪墙。A1—A2段海堤挡墙顶高程8.5m,B1—B2、C1—C2、D9—D10段海堤挡墙顶高程8.0m,D1—D2段海堤挡墙顶高程7.5m,A2—A3、A7—A1、B2—B3、B7—B1段海堤挡墙顶高程7.0m。挡浪墙后设

600mm×800mm 排水沟、8m 宽人行景观路，A1—A2 段景观路高程 7.0m，B1—B2、C1—C2、D9—D10 段海堤景观路高程 6.5m，D1—D2、A2—A3、A7—A1、B2—B3、B7—B1 段海堤景观路高程 6.0m。景观路采用间距 100m，宽度 10m 条石台阶与后方陆域衔接(后方陆域高程为 4.5m)。

6)结构计算

方案的结构计算主要有堤顶高程、护面块体和护底块石的稳定质量计算和地基的整体稳定计算。

(1)堤顶高程。

堤顶高程及计算结果见 5.2.1。

(2)护面块体。

①扭王字块体的稳定质量。

按《防波堤设计与施工规范》(JTJ 298—1998)中的式(4.2.4)计算：

$$W=0.1\frac{\gamma_b H^3}{K_D(S_b-1)^3\cot\alpha} \tag{5.2-7}$$

$$S_b=\gamma_b/\gamma \tag{5.2-8}$$

式中：W——单个块体的稳定质量(t)；

γ_b——块体材料的重度(kN/m³)；

H——设计波高(m)；

K_D——块体稳定系数；

γ——水的重度(kN/m³)；

α——斜坡与水平面的夹角(°)。

扭王字块体的稳定质量计算成果表 5.2-5。

扭王字块体的稳定质量计算成果表 表 5.2-5

项目	波高 H(m)	坡度系数 m	计算值(t)	选用值(t)
A1—A2 段	4.30	1.5	3.2	5
B1—B2 段	3.80	1.5	2.5	5
C1—C2 段	3.80	1.5	2.5	5
D9—D10 段	3.94	1.5	2.8	5
D1—D2 段	3.22	1.5	1.6	5

②栅栏板。

栅栏板的厚度可按下式计算：

$$h=0.235\frac{\gamma}{\gamma_b-\gamma}\frac{0.61+0.13d/H}{m^{0.27}}H \tag{5.2-9}$$

式中：γ_b——块体材料的重度（kN/m^3）；

H——设计波高（m）；

m——坡度系数；

γ——水的重度（kN/m^3）。

栅栏板的平面尺寸按下式确定：

$$a_0 = 1.25H \tag{5.2-10}$$

$$b_0 = 1.0H \tag{5.2-11}$$

式中：a_0——栅栏板长边（m），沿斜坡方向布置；

b_0——栅栏板短边（m），沿堤轴线方向布置；

H——设计波高（m）。

经计算，栅栏板规格选用3000mm×2400mm×500mm。

（3）护底块石稳定质量。

堤前最大波浪底流速根据《防波堤设计与施工规范》（JTJ 298—1998）式（4.2.20）计算：

$$V_{max} = \frac{\pi H}{\sqrt{\frac{\pi L}{g}\text{sh}\frac{4\pi d}{L}}} \tag{5.2-12}$$

式中：V_{max}——堤前最大波浪底流速（m/s）；

H——设计波高（m）；

L——设计波长（m）。

经计算，A1—A2、B1—B2、C1—C2、D9—D10 和 D1—D2 段海堤堤前最大波浪底流速 $V_{max} = 1.67$m/s。根据堤前最大波浪底流速查表选用 100～200kg 块石。护底块石的宽度取 10m，厚度取 1m。A2—A3、A7—A1、B2—B3、B7—B1 段海堤堤前最大波浪底流速 $V_{max} = 0.67$m/s。根据堤前最大波浪底流速查表选用60～100kg 块石。根据斜坡堤的构造要求，护底块石的宽度取 8m，厚度取 0.6m。

（4）整体稳定计算。

工程区段地质条件较好，根据《港口工程地基规范》（JTS 147-1—2010），采用天津港湾工程研究院有限公司 DJS 程序计算，整体稳定满足规范要求。

5.2.3 护岸

根据拟建工程处的波浪和地质等自然条件，综合考虑护岸的重要性、材料来源、工程造价和施工工艺，并结合工程规划方案要求等因素，护岸结构采用斜坡式和直立式两种方案，具体结构形式根据工程区段所在位置的规划功能定位确定。

1）斜坡段护岸结构方案

方案堤心采用10～100kg 堤心石，根据护岸不同位置受波浪影响、水深和地质等自然条件差异，各段结构有所不同，各结构分配见表5.2-6。

斜坡护岸断面分段表 表5.2-6

断面名称	护岸位置	长度(m)
护岸斜坡堤结构断面一	A4—A5,B5—B6	2108.8
护岸斜坡堤结构断面二	A5—A6	159.8
护岸斜坡堤结构断面三	B4—B5,C3—C4	490.0

(1)护岸斜坡堤结构断面一。

堤心顶高程2.20m,顶宽5m,上部为浆砌石挡浪墙,挡墙顶高程4.50m,护岸外侧坡度为1:1.5,采用900mm厚150~200kg块石,底部设7m宽,700mm厚60~100kg护底块石、300mm厚碎石垫层。堤内侧坡度为1:1.5,由内至外依次为顶厚300m二片石、厚300mm碎石垫层、土工布、顶部厚300mm碎石垫层。

(2)护岸斜坡堤结构断面二。

堤心顶高程2.20m,顶宽5m,上部为混凝土挡浪墙,挡墙顶高程4.50m,护岸外侧坡度为1:1.5,采用350mm厚栅栏板护面,其下铺设600mm厚60~100kg块石垫层。在高程-4.55m处设顶宽4.5m,坡度为1:1.5的150~300kg抛石棱体,底部设7m宽,700mm厚60~100kg护底块石,300mm厚碎石垫层。堤内侧坡度为1:1.5,由内至外依次为顶厚300m二片石、厚300mm碎石垫层、土工布、顶部厚300mm碎石垫层。

(3)护岸斜坡堤结构断面三。

堤心顶高程2.20m,顶宽5m,上部为混凝土挡浪墙,挡墙顶高程4.50m,护岸外侧坡度为1:1.5,采用350mm厚栅栏板护面,其下铺设600mm厚60~100kg块石垫层。在高程-3.70m处设顶宽4.5m,坡度为1:1.5的150~300kg抛石棱体,底部设7m宽,700mm厚60~100kg护底块石,300mm厚碎石垫层。堤内侧坡度为1:1.5,由内至外依次为顶厚300m二片石、厚300mm碎石垫层、土工布、顶部厚300mm碎石垫层。

2)直立段护岸结构方案

直立堤抛石基床材料采用10~100kg块石,基床外侧边坡1:2,内侧边坡1:1.5。堤身采用预制实心方块结构,根据地面高程分别采用2~3层方块不等。方块顶高程1.80m,上为现浇混凝土胸墙,顶高程4.50m,断面尺寸为3.0m×2.7m。A、B、C岛直立护岸基床前设厚1m,长10m的护底块石,边坡为1:2。墙身后设减压棱体,采用10~100kg块石,坡度为1:1,棱体上方倒滤层依次铺设顶部厚300mm二片石、厚300mm碎石垫层、土工布、顶部厚300mm碎石垫层,倒滤层坡度为1:1.5。后方回填顶高程为4.50m,回填料采用山皮土。

各段直立堤具体尺寸如下:

A3—A4段原泥面高程-8.10~-8.50m,基床顶高程-6.00m,外侧肩宽3m,内侧肩宽2m,其上为三层实心方块墙身。

B6—B7段原泥面高程-5.90~-8.60m,之间根据原泥面高程分两个结构断面设计,泥面高程为-5.90~-7.50m段的结构设计断面为:基槽开挖至-7.50m,基床顶高程-6.00m,厚1.5m,外侧肩宽3m,内侧肩宽2m,其上为三层实心方块墙身;泥面高程为-7.50~-8.60m

段的结构设计断面为:基床顶高程 -6.00m,外侧肩宽3m,内侧肩宽2m,其上为三层实心方块墙身。

C1—C4 段原泥面高程 -7.00 ~ -8.00m,基槽开挖至 -7.50m,基床顶高程 -6.00m,外侧肩宽3m,内侧肩宽2m,其上为三层实心方块墙身,胸墙后设600mm×800mm浆砌片石排水沟。

C2—C3 段原泥面高程 -6.00 ~ -7.10m,基槽开挖至 -8.00m,基床顶高程 -6.00m,厚2.0m,外侧肩宽3m,内侧肩宽2m,其上为三层实心方块墙身,胸墙后设600mm×800mm浆砌片石排水沟。

D2—D3 段原泥面高程 -2.00 ~ -3.60m,基槽开挖至 -5.00m,基床顶高程 -3.50m,厚1.5m,其上为两层实心方块墙身,胸墙后设600mm×800mm浆砌片石排水沟。

D4—D5 段原泥面高程 -4.00 ~ -7.00m,之间根据原泥面高程分两个结构断面设计,泥面高程为 -4.00 ~ -5.40m 段的结构设计断面为:基槽开挖至 -5.40m,基床顶高程 -3.50m,厚1.9m,外侧肩宽3m,内侧肩宽2m,基床上部为两层实心方块墙身;泥面高程为 -5.40 ~ -7.00m段的结构设计断面为:基槽开挖至 -7.50m,基床顶高程 -6.00m,厚1.5m,外侧肩宽3m,内侧肩宽2m,基床上部为三层实心方块墙身。

D6—D7 段原泥面高程 -2.60 ~ -7.60m,之间根据原泥面高程分三个结构断面设计,泥面高程为 -2.60 ~ -4.60m 段的结构设计断面为:基槽开挖至 -5.00m,基床顶高程 -3.50m,厚1.5m,外侧肩宽3m,内侧肩宽2m,基床上部为两层实心方块墙身;泥面高程为 -4.60 ~ -6.00m段的结构设计断面为:基槽开挖至 -7.50m,基床顶高程 -6.00m,厚1.5m,基床上部为三层实心方块墙身;泥面高程为 -6.00 ~ -7.60m 段的结构设计断面为:基槽开挖至 -8.00m,基床顶高程 -6.00m,厚2.0m,外侧肩宽3m,内侧肩宽2m,基床上部为三层实心方块墙身。

D8—D9 段原泥面高程 -2.20 ~ -5.00m,基槽开挖至 -5.00m,基床顶高程 -3.50m,厚1.5m,外侧肩宽3m,内侧肩宽2m,基床上部为两层实心方块墙身。

5.2.4 台阶式景护岸

为充分发挥蓬莱天造地设的水域风光优势,营造人与海洋亲近的环境和条件,充分响应总体规划水韵之城、海洋文化、生态旅游、动态化、以人为本、提升景观效果理念,在护岸中心区域设置斜坡台阶式景观护岸,构成海与人亲近平台,丰富沿海景观。

台阶式景观护岸在充分考虑视点场和景观场合理化布置外,还要综合考虑护岸结构的耐久性、稳定性、施工工艺等因素,所以断面形式选择斜坡式。

根据景观护岸亲水平台、台阶、休闲垂钓区位置的不同,各段结构段有所不同,分为一般段、侧向台阶段、直向台阶段和休闲垂钓段。

1)一般段

一般段为景观护岸一般结构段,为形成后方陆域,先要推填出一条围堤。堤身采用10 ~

100kg 块石,堤顶宽度为 5m,堤顶高程为 1.7m,内坡度选用 1∶1,外坡度选用 1∶1.5。堤身内侧设置到滤层,由内至外依次为顶厚 300mm 二片石、顶厚 300mm 碎石、土工布、顶厚 300mm 碎石,坡度分别为 1∶1、1∶1.25、1∶1.25、1∶1.5。

堤顶设亲水平台,宽 10m,堤顶高程为 2.5m,平台结构从下到上依次为 300mm 碎石、C15 混凝土垫层 100mm、30mm 厚 M20 砂浆、20mm 厚花岗岩石板。亲水平台后方护岸采用 800mm 厚浆砌块石挡墙土,护岸顶高程 4.5m,迎水立面镶嵌 30mm 厚蘑菇石。墙顶设成品石材栏杆。

护岸外坡依次铺设 500mm 厚 60 ~ 100kg 块石垫层,300mm 厚栅栏板。坡脚设 200 ~ 300kg 块石抛石棱体,护底块石 600mm 厚,选用 60 ~ 100kg 块石。

2)侧向台阶段

侧向台阶段是从后方陆域沿岸线方向进入亲水平台的通道,每 60m 设置一段。堤身、护底块石、抛石棱体结构、尺寸和一般段相同。堤顶设置 6m × 4m 观景平台,堤顶高程为 4.5m,观景平台基础采用浆砌块石,平台结构从下到上依次为浆砌块石、30mm 厚 M20 砂浆、20mm 厚花岗岩石板。观景平台两侧设台阶与亲水平台连接。

3)直向台阶段

直向台阶段是从后方陆域垂直岸线方向进入亲水平台的通道,每 60m 设置一段。堤身、护底块石、抛石棱体结构、尺寸和一般段相同。接岸陆域至亲水平台设台阶相连。

4)休闲垂钓结构段

休闲垂钓结构段是护岸后方陆域通往亲水平台的通道,亲水平台布置了休闲垂钓区,每 60m 设置一段。堤身、护底块石、抛石棱体结构、尺寸和一般段相同。亲水平台与休闲垂钓区设 16 级 300mm × 150mm 台阶连接,台阶采用混凝土浇筑而成,休闲垂钓区顶高程 0.14m、长 4m、宽 1m。

5.2.5 临时海堤

临时海堤工程接岸造陆区西南方向与规划游艇制造基地相接,游艇制造基地还没有实施,因此 D10—D11 段布置为临时海堤。

临时海堤为斜坡式结构,堤心采用 10 ~ 100kg 块石。堤心顶高程 3.0m,顶宽 5.0m,堤外侧根据位置、水深等条件分段采用 1.2m 厚 1 ~ 2t、2 ~ 3t、3 ~ 5t 块石护面,坡度为 1∶1.5,其下铺设 0.6m 厚 200 ~ 300kg 块石垫层。底部设 5m 宽 1m 厚 200 ~ 300kg 护底块石。堤内侧设倒滤层,由内至外依次为顶厚 300mm 二片石、顶厚 300mm 碎石、土工布、顶厚 300mm 碎石,坡度分别为 1∶1、1∶1.25、1∶1.25、1∶1.5。

经计算,临时海堤各项指标均满足要求。

5.3 试验研究

为了验证不同波浪条件下护面块体、抛石棱体、护底块石、挡浪墙的稳定性,测定挡浪墙的越浪量,验证挡浪墙的顶高程。论证设计方案的合理性和可行性,优化挡浪墙结构形式,为设计提供依据,应对工程护岸和海堤进行波浪断面试验。

5.3.1 试验方法

1)模型设计与制作

模型按重力相似准则设计,结构断面尺寸满足几何相似,各比尺关系如下:

$$\lambda = \frac{l_p}{l_m} \tag{5.3-1}$$

$$\lambda_t = \lambda^{\frac{1}{2}} \tag{5.3-2}$$

$$\lambda_F = \lambda^3 \tag{5.3-3}$$

$$\lambda_q = \lambda^{\frac{3}{2}} \tag{5.3-4}$$

式中:λ——模型长度比尺;

l_p——原型长度(m);

l_m——模型长度(m);

λ_t——时间比尺;

λ_F——重力比尺;

λ_q——单宽流量比尺。

根据试验场地、现有块体质量及试验要求,模型选用几何比尺 $\lambda = 33$,即水深比尺、波高比尺、波长比尺均为33,时间比尺为$\lambda_t = 5.74$,重力比尺为$\lambda_F = 35937$。依据规范的要求,断面模型中的6t扭王字块以及各种栅栏板采用原子灰加铁粉配制,质量偏差与几何尺寸误差均满足试验规程的要求,结构形式采用《防波堤设计与施工规范》(JTS 154-1—2011)中的B型扭王字块。100~200kg护底块石、500~800kg抛石棱体按重力比尺挑选,质量偏差控制在±5%以内。由于模型试验采用的是淡水,而实际工程中为海水,受淡水与海水的密度差影响,模型中考虑$\rho_{海水} = \rho_{淡水} = 1.025$,即在块体、块石的选取中考虑了这种影响。

2)断面稳定性判断

进行断面稳定性试验时,每个水位条件下模拟原体波浪作用时间取3h(原体值,下同),以便观察断面在波浪累积作用下的变化情况。根据相关规范规定,护面块体的稳定性试验每组至少重复3次。当3次试验的失稳率差别较大时,增加重复次数。每次试验护面块体均重新摆放。

(1)挡浪墙稳定性。

挡浪墙的失稳形式为滑移与倾斜,试验通过测针和刻度尺测量挡浪墙的位移变化,当观测到挡浪墙发生明显滑动或倾斜时即失稳。

(2)块石稳定性判断。

在波浪累积作用下观察块石护底形状改变情况,依据其表面是否发生明显变形、是否失去护底功能判断其稳定性。

(3)护面块体稳定性的判断。

本次试验护面块体即扭王字块体的稳定性判断是观察其位移情况进行判断,试验中当位移变化在半倍块体边长以上、滑落或跳出,即判断为失稳。当波浪累积作用下出现局部缝隙加大至半倍块体边长以上,也判断为失稳。

对于栅栏板护面,当栅栏板在波浪作用下其累积位移超过单块的厚度时即判定其失稳。

3)越浪量的测定

对于不规则波,取一个完整波列的总越浪水体作为相应历时的总越浪量,然后计算单宽平均越浪量。

单宽平均越浪量按下式计算:

$$q = \frac{V}{bt} \tag{5.3-5}$$

式中:q——单宽平均越浪量[$m^3/(m \cdot s)$];

V——一个波列作用下的总越浪水量(m^3);

b——收集越浪量的接水宽度(m);

t——一个波列作用的持续时间(s)。

4)波浪力的测定

依据相关规范规定和试验技术要求,在挡浪墙底部、迎浪面布置点压力传感器来测定挡浪墙的波压力,数据通过 TK2008 型数据采集系统采集、分析。对于不规则波作用,连续采集 100 个以上波作用的波压力过程,模型采样的时间间隔为 0.01s。试验时在静水条件下,对所有测点标零,在静水面以下的测点以此时的静水压强作为对应测点的零点,在静水面以上的测点以此时的大气压强作为零点。试验采集到的压强值为测点实际压强与标零时测点对应压强的差值,亦即所受到的波浪动水压强(试验所给浮托力结果不包含静水浮力)。

对于挡浪墙所受波浪力的分析,我们先将挡浪墙置于 X、Z 坐标轴所构成的二维直角坐标系内,见图 5.3-1。然后将各测点所代表面积、压强在该坐标系 X、Z 两个方向分别进行投影,再由各测点测得压强过程线,利用积分得到在 X、Z 两个方向所受到的波浪力,对于现浇胸墙反弧面测点受力结果分别分解成 X、Z 两个方向,最后统计其所受的水平总力、浮托力和垂直总力(浮托力、斜面上竖向分力的合成)。

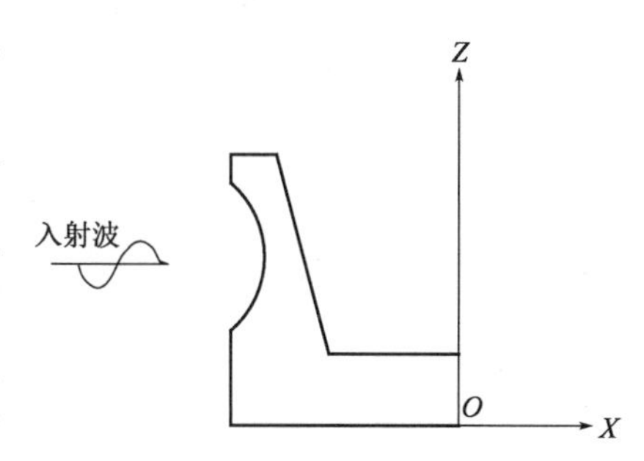

图 5.3-1 挡浪墙测力坐标系定义

单位长度挡浪墙受波浪力按下式计算:

$$\vec{F}_j(t) = \sum p_i(t)\vec{s}_{ij} \qquad (j = x, z) \tag{5.3-6}$$

式中:$\vec{F}_j$——X、Z 方向所受到的波浪力(kN/m);

p_i——各测点实测压强(kPa);

$\vec{s}_{ij}$——测点在 X、Z 方向投影所代表的面积(m^2)。

5.3.2 试验结果

试验分三个阶段进行,各阶段试验内容有所不同,通过与设计方沟通确定不同试验阶段的试验内容。

(1)验证波浪作用下护岸护面块体、抛石棱体、护底块石的稳定性;

(2)验证波浪作用下各种挡浪墙的稳定性;

(3)测定波浪作用下挡浪墙顶的越浪量和平均水舌厚度;

(4)测定指定断面挡浪墙波浪压力分布;

(5)对护岸断面、挡浪墙断面进行优化。

阶段一是原设计方案,共四个断面;阶段二是设计方根据阶段一的试验结果对断面一和断面二进行修改,共三个修改断面;阶段三是2013年3月设计方根据前两个阶段的试验结果,对断面结构进行调整后提供的新设计方案,共四个断面。本文主要介绍断面二三个阶段的试验结果。

1)原设计方案

断面二海底高程为 -5.10m,堤顶高程 +7.0m。护面采用栅栏板,坡度1:1.5,栅栏板坡脚处设预制混凝土块支撑。模型布置见图5.3-2。

图5.3-2 断面二模型布置图

设计低水位重现期50年波浪作用,不规则波列($H_{13\%}$ =3.0m,有效波周期 T_s =10.35s)中的大波沿栅栏板护面爬高至挡浪墙顶,水体被反弧形挡浪墙返回海侧,形成溅浪,没有越浪产生。100~200kg护底块石表面有少量晃动,个别随波滚动,坡脚处有少量块石散落;500~800kg抛石棱体稳定。模拟原体波浪连续作用3h,100~200kg块石护底表面没有明显变形,未丧失护底功能,保持稳定,栅栏板挡浪墙保持稳定。图5.3-3为试验场景,图5.3-4为护底块石试验结果图。

图 5.3-3 断面二 设计低水位重现期 50 年波浪作用试验场景

图 5.3-4 断面二坡脚 100 ~ 200kg 护底块石试验结果图

设计高水位重现期 50 年波浪作用,不规则波列($H_{13\%}$ = 3.6m, T_s = 10.35s)中大波冲击挡浪墙,部分水体被反弧形挡浪墙返回海侧,部分水体越过挡浪墙顶部跌落在挡浪墙后方陆域(一个波列 120 个波中有 40 个越浪),水体跌落的最大距离距挡浪墙顶后沿约 4.3m,挡浪墙顶部最大越浪水舌厚度 0.99m,平均约 0.41m,单宽平均越浪量为 0.0088m^3/(m · s)。模拟原体波浪连续作用 3h,100 ~ 200kg 护底块石和 500 ~ 800kg 抛石棱体表面没有明显变形,未丧失护底功能,保持稳定。栅栏板保持稳定,挡浪墙在大波作用下发生振动,波浪连续作用 3h 没有产生明显位移,判定临界稳定。图 5.3-5 为试验场景。设计高水位重现期 10 年波浪作用,不规则波列($H_{13\%}$ = 2.8m, T_s = 9.09s)中大波沿栅栏板护面爬高冲击挡浪墙,水体部分返回海侧,部分越过挡浪墙产生越浪(一个波列 120 个波中有 18 个越浪),水体跌落的最大距离距挡浪墙顶后沿约 1.91m,挡浪墙顶部最大越浪水舌厚度 0.66m,平均约 0.23m,单宽平均越浪量为 0.0031m^3/(m · s)。模拟原体波浪连续作用 3h,断面各部分均保持稳定。

图5.3-5 断面二设计高水位重现期50年波浪作用水体返回海侧试验场景

极端高水位重现期50年波浪作用,不规则波列($H_{13\%}=3.8\text{m}$,$T_s=10.35\text{s}$)中大波冲击挡浪墙,部分水体被反弧形挡浪墙返回海侧,部分水体越过挡浪墙顶部跌落在挡浪墙后方陆域(一个波列120个波中有43个越浪),水体跌落的最大距离距挡浪墙顶后沿约16.5m,挡浪墙顶部最大越浪水舌厚度3.0m,平均约1.4m,单宽平均越浪量为0.0858$\text{m}^3/(\text{m}\cdot\text{s})$。模拟原体波浪连续作用3h,100~200kg块石护底表面没有明显变形,未丧失护底功能,保持稳定。栅栏板保持稳定,挡浪墙在大波作用下发生振动,没有产生明显位移,判定为临界稳定。图5.3-6为试验场景。极端高水位重现期10年波浪作用,不规则波列($H_{13\%}=2.9\text{m}$,$T_s=9.09\text{s}$)中大波沿栅栏板护面爬高冲击挡浪墙,大部分水体被反弧形挡浪墙返回海侧,一部分水体越过堤顶(一个波列120个波中有11个越浪),水体跌落的最大距离距挡浪墙顶后沿约5.3m,挡浪墙顶部最大越浪水舌厚度2.3m,平均约0.99m,单宽平均越浪量为0.0199$\text{m}^3/(\text{m}\cdot\text{s})$。模拟原体波浪连续作用3h,断面各部分均保持稳定。

图5.3-6 断面二极端高水位重现期50年波浪作用水体部分越浪,部分返回海侧

极端高水位重现期50年不规则波浪作用下,单宽平均越浪量为$0.0858m^3/(m \cdot s)$。与设计方沟通后,将原设计断面挡浪墙顶高程分别垂直加高至+7.5m和+7.8m后测量越浪量,单宽平均越浪量分别为$0.0587m^3/(m \cdot s)$和$0.0526m^3/(m \cdot s)$。

2)修改方案

断面二的修改方案是在原设计断面二的基础上进行,海底高程仍为-5.10m,堤顶高程由+7.00m调整至+8.00m。护面采用栅栏板,坡度1∶1.5,栅栏板坡脚处设预制混凝土块支撑。坡脚设碎石垫层500~800kg抛石棱体,护底块石为100~200kg,堤心石采用10~500kg开山石。堤顶设置混凝土反弧形挡浪墙。后方陆域高程为+6.20m。断面二修改断面模型布置见图5.3-7。

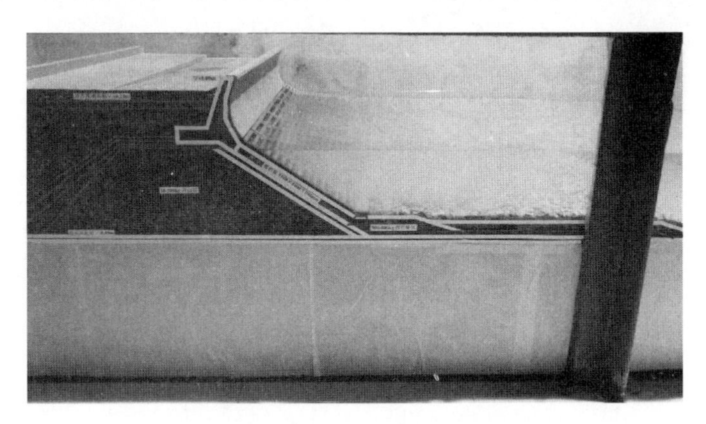

图5.3-7 断面二修改断面模型布置图

在极端高水位重现期50年不规则波($H_{13\%}=3.8m$,$T_s=10.35s$)作用下,波列中大波冲击反弧形挡浪墙,部分水体越过堤顶,大部分水体被反弧形挡浪墙返回海侧。越浪水体跌落的最大距离距挡浪墙顶后沿约2.60m,挡浪墙顶部最大越浪水舌厚度0.90m,平均约0.46m,堤顶单宽越浪量为$0.0110m^3/(m \cdot s)$。挡浪墙在波浪作用下发生振动,没有产生位移,判断其临界稳定。断面其他部分亦保持稳定。试验场景见图5.3-8和图5.3-9。

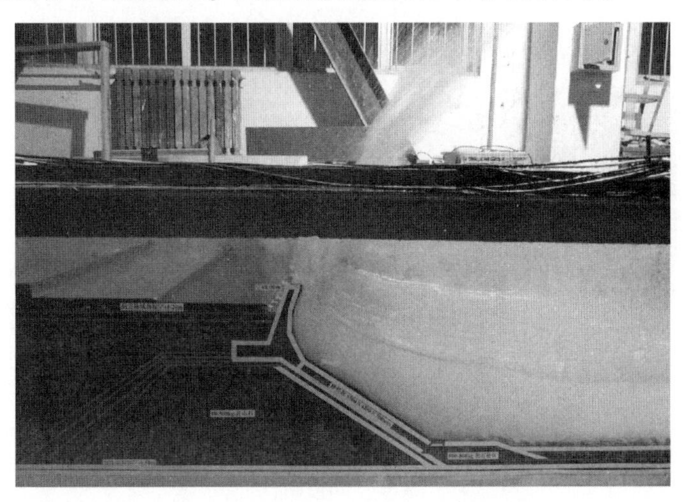

图5.3-8 极端高水位50年重现期波浪返回海侧现象图(断面二修改方案)

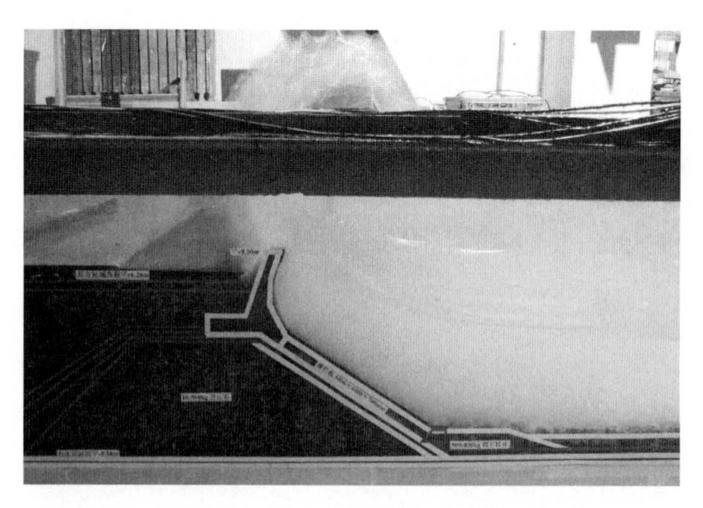

图 5.3-9 极端高水位 50 年重现期越浪现象图(断面二修改方案)

修改断面 1-1 挡浪墙和扭王字块在极端高水位波浪作用下失稳，堤顶单宽平均越浪量为 $0.0671m^3/(m \cdot s)$；修改断面 1-2 在极端高水位波浪作用下稳定，堤顶单宽平均越浪量为 $0.0465m^3/(m \cdot s)$，较原设计方案断面一越浪量有所减小。

断面二修改方案挡浪墙在极端高水位波浪作用下临界稳定，堤顶单宽平均越浪量为 $0.0110m^3/(m \cdot s)$，较原设计方案断面二越浪量减小。

3)新设计方案

断面二海底高程为 -9.00m，堤顶高程 +8.00m，后方陆域高程为 +6.50m。护面采用一层 6t 扭王字块，坡度 1:1.5，采用 300～500kg 块石垫层。护底块石为 100～200kg，堤心石采用 10～500kg 开山石。堤顶设置钢筋混凝土反弧形挡浪墙。

断面二海底高程为 -9.0m，堤顶高程 +8.0m，后方陆域高程为 +6.5m。模型布置见图 5.3-10。

图 5.3-10 断面二模型布置图

设计低水位重现期 50 年波浪作用，不规则波列($H_{13\%}$ = 3.0m，T_s = 10.35s)中的大波沿坡面爬至坡肩处破碎，没有越浪产生。100～200kg 护底块石个别随波晃动。模拟原体波浪连续作用 3h,断面各部分保持稳定。图 5.3-11 为试验场景图。

图 5.3-11 断面二设计低水位重现期 50 年波浪作用

设计高水位重现期 50 年波浪作用,不规则波列($H_{13\%}=3.6\text{m}$, $T_s=10.35\text{s}$)中大波冲击挡浪墙,部分水体被反弧形挡浪墙返回海侧,部分水体越过挡浪墙顶部跌落在挡浪墙后方陆域(一个波列 120 个波中有 7 个越浪),水体跌落的最大距离距挡浪墙顶后沿约 3.3m,挡浪墙顶部最大越浪水舌厚度 0.5m,平均约 0.2m,单宽平均越浪量为 0.0045$\text{m}^3/(\text{m}\cdot\text{s})$。模拟原体波浪连续作用 3h,断面各部分保持稳定。图 5.3-12 为试验场景。

图 5.3-12 断面一设计高水位重现期 50 年波浪作用水体作用于挡浪墙现象

极端高水位重现期 50 年波浪作用,不规则波列($H_{13\%}=3.8\text{m}$, $T_s=10.35\text{s}$)中大波冲击挡浪墙,部分水体被反弧形挡浪墙返回海侧,部分水体越过挡浪墙顶部跌落在挡浪墙后方陆域(一个波列 120 个波中有 17 个越浪),水体跌落的最大距离距挡浪墙顶后沿约 6.93m,挡浪墙顶部最大越浪水舌厚度 1.32m,平均约 0.50m,单宽平均越浪量为 0.0231$\text{m}^3/(\text{m}\cdot\text{s})$。与断面一相似,挡浪墙在大波作用下发生振动,模拟原体波浪连续作用 3h,挡浪墙没有发生明显滑动或倾斜,判断其临界稳定。断面其他部分保持稳定。图 5.3-13 和图 5.3-14 为试验场景。

图 5.3-13　断面二极端高水位重现期 50 年波浪越浪现象

图 5.3-14　断面二极端高水位重现期 50 年波浪越堤后现象

6 人工岛陆域与岸滩建设技术

6.1 陆域建设技术

6.1.1 人工岛建设概述

研究的工程项目位于中国山东省蓬莱市的西海岸线,具体位置从上朱潘村的西北方向起始,一直延伸至西庄村,与蓬莱渔港紧密相连。项目的规划海域总面积为 $972.86\times10^4m^2$,其中填海造地所占用的海域面积为 $502.64\times10^4m^2$,预计填海后形成的陆地面积将达到 $464.40\times10^4m^2$。此外,工程还将建设总长度为13.42km的护岸设施。

蓬莱人工岛围填海项目计划建造三座人工岛,其设计理念灵感来源于自然界中的百灵鸟。东西两个主要岛屿的设计采用了双百灵鸟的形态,岛屿的平面布局呈现双鸟相向的形态,布置在距离海岸线大约250m的海域。这样的设计不仅在岛屿与陆地之间形成了一条通道,而且为后方的陆地区域提供了有效的防护。在两个主体岛屿的“头部”相对位置,规划了一个中心岛屿,以确保各个人工岛之间约200m宽的水域畅通无阻,保障水流的畅通和水体的交换。

在东西两座岛屿的“尾部”,则分别规划了跨海桥梁以连接陆地,以便实现跨海交通。而中心岛屿与陆地之间的交通则计划通过交通船舶来实现。

6.1.2 人工岛建设总体部署

在人工岛的建设过程中,总体部署是确保工程顺利进行的关键。根据第三章的设计方案,人工岛的建设主要包括护岸、沙滩以及陆域的建设。在施工实施阶段,首要任务是准备物料区和施工便道,为后续工程的顺利开展提供基础条件。紧接着,需要迅速完成接岸陆域的部分防护和回填工作,这一步骤至关重要,因为它为预制场、施工码头、拌和站、石料场和加油站等关键设施的建设提供必要的场地。施工的总体流程见图6.1-1。

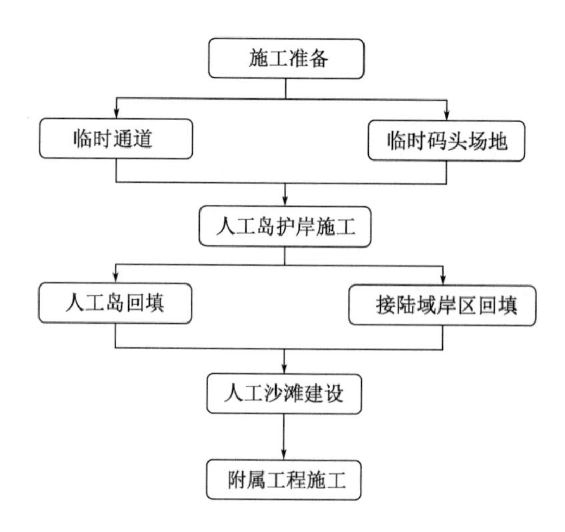

图 6.1-1　施工部署流程图

工程团队需填筑连接东西人工岛的海上主便道,海上主便道主要用于岛与岛之间的物资运输,也为岛上施工提供了便利。在便道建设的同时,岛外围的抛填及防护工作也应同步进行,以确保岛屿的稳定性和安全性。此外,斜坡护岸和直立护岸的施工也是不可或缺的一环,它们共同构成了岛屿的防御体系,保护岛屿免受海浪侵蚀。

陆域形成设计方案有两种方法:①开山、回填的施工方法;②海中取砂吹填的方式。考虑到工程区域的自然条件和地质状况,特别是登州浅滩大规模采砂活动导致的波浪加剧和海床侵蚀,吹填砂方案可能会对周边海底造成进一步的冲刷。因此,结合工程周边丰富的开山石料资源,推荐采用开山回填方案形成陆域。

地基处理是工程的另一重点。原有地基主要由中密或密实的砂土构成,一般不需要额外的地基处理。但对回填的松散开山土石料,则需要特别关注。强夯法作为一种经济且高效的方法,通过强大的夯击能量,促使深层松散土层发生液化和动力固结,实现土体的密实。工程在前期试验的基础上,确定了采用 3000kJ 能量进行强夯施工的方案。最终的检测结果表明,强夯影响深度超过 10m,经过强夯处理后的地基均匀密实,可有效消除沉降问题,并可显著提高承载力,为人工岛的稳定和安全提供了坚实基础。

6.1.3　施工测量

在本工程的测量定位工作中,传统测量方法仍然是主要手段,但在某些关键工序中,引入了 GPS(全球定位系统)技术以提升定位的精确度和效率。GPS 技术的应用,能够实现远距离高精度定位,不受天气等自然条件的限制,使工程能够 24h 全天候持续作业。这对于克服不利自然条件、延长有效工作时间、确保工程进度具有重要意义。

总体测量控制:为了确保工程轴线的精确性,便于施工放样及测量控制,本工程在业主提供的首级、次级工程测量控制网点的基础上,根据实际施工需求,进一步建立了工程测量控制微网。在施工过程中,严格按照相关规范进行测量。

1)复核、复测范围

复核、复测的对象包括业主提供的用于本工程施工控制的首级、次级工程控制网点,以及施工单位后期布设的工程测量控制微网。

2)复测周期

在正常情况下,工程测量控制微网的复测周期为每三个月一次。若对个别点位产生疑问,应立即进行复测,并将复测结果以书面形式报告给监理工程师。

3)测量控制点的保护

工程测量控制微网布设完成后,应采取设置明显标志、围护等措施进行保护,确保施工的准确性和完整性。一旦发现偏倒、毁坏等现象,除了追查原因外,还应及时进行修复,并经监理工程师校对、签证验收后方可继续使用。

4)水深测量

水深测量的定位点中误差应控制在2mm以内。在不考虑平面位移的情况下,水深测量的深度误差限值设定为±0.2m。

5)测量基线

测量基线的布设依据业主提供的控制点进行。

GPS控制网及基准站:GPS控制网的布设是建立GPS基准站、进行坐标系统转换以及实现高精度施工定位的基础。GPS控制网应覆盖整个施工区域,并与国家高等级控制点进行联测。GPS基准站的选址应远离电磁干扰,具备一定的高度,并确保其作用半径能够覆盖施工区域。

GPS控制网的布设目的主要有两个:一是求解参数,便于进行坐标系统转换;二是提供GPS基准站点,用于陆上基站的设置。

GPS控制网的布设要求:根据陆上基站的布设要求,为确保转换参数的可靠性和精度,控制网应与不少于4个不低于二等的国家三角控制点和2个不低于二等的国家水准点进行联测。

沉降位移观测:沉降位移观测的对象为抛石堤,观测工作自抛石完成后立即开始。沉降位移观测是指导施工的重要依据,必须定期、按时进行。在进行沉降、位移观测开始前,应编制详细的观测计划,并报请监理工程师审批,作为观测工作的依据。观测结束后,应及时绘制沉降和位移的历时变化曲线,并对变化原因、发展趋势进行分析和判断,以指导后续施工。

6.1.4 物料开采及填筑

1)石方开采

采剥工艺是土石方开采中的关键环节之一,其主要目的是剥离覆盖在山体上的风化岩石,以便于后续的开采作业。在采剥工作面向边坡方向推进的过程中,剥离的风化岩石需要运往废石场存放,以避免对环境造成污染。为了保证剥离作业的顺利进行,每个开采台阶在正式作业开始前,需先进行段沟的开掘工作。只有作业面被成功打开,方可启动正规的剥离程序。在同一作业阶段内,开采剥离作业面应保持至少一个挖掘机工作线长度的距离落后于单壁沟的开掘作业面以确保作业的安全性。在此过程中,包括工作台阶的高度、单侧堑沟底部的宽度、最小工作平台的宽度以及挖掘机所需的最小工作线长度等关键参数,都必须根据项目的具体需求进行精确设计和调整。这些参数的恰当设置,对于确保物料开采的效率与安全性至关重要,同时也体现了土石方工程中对细节的精确掌控和对环境影响的综合考量。

爆破工艺是采剥工艺中的重要环节,其主要目的是破碎大块岩石,以便于后续的装载和运输。根据现场地形条件及安全要求,本工程的爆破方式主要有三种:深孔爆破、预裂爆破和浅孔爆破。深孔爆破主要用于台阶采剥作业,预裂爆破用于边坡保护,浅孔爆破主要用于处理根底、清理边坡和破碎大块石。为了保证回填石块粒径的要求,爆破后不能出现过多的大块石,大块率需控制在5%以下,并使爆堆得到充分松散,以提高装载速度。爆破技术设计包括选择钻孔孔径、炮眼参数、雷管延期时间、装药结构和起爆方式,并在现场做系列爆破试验,以确定最优的爆破参数。

在地质条件良好地段采用本设计的爆破效果是:对于中深孔爆破,台阶高度为10m,爆破后底板平整,后帮眉线整齐,不崩塌,爆区两侧无带炮现象,堵塞段会产生少量大块石,大于500kg的大块率低于5%。可用挖掘机将粒径符合回填要求的石块直接装车运往填方区,将不符合要求的石块集中堆放,并采用液压油锤进行破碎,使其满足回填粒径要求;少量无法装车的石块可原地进行二次破碎。加大爆区规模不仅可减少钻机、挖机移位时间,提高开挖强度,而且对降低大块率非常有意义。因为台阶爆破的大块石主要来自第一排炮孔,其次是炮孔顶部堵塞段、爆区两侧带炮和后排孔爆破后冲,所以多排孔爆破的大块率比单排孔爆破大块率低。根据经验,排数一般不超过6排,本设计确定排数为4排,因太多的排数容易造成爆堆过高、松散性不良,不利于挖运,爆区长度以大于宽度的3倍为宜。

在硬岩爆破中,前排孔爆岩已向前移动,为后排孔创造自由面的合理间隔时间。若延时过长,将导致后排产生大量飞石,并且易产生大量石块;延时过短,会导致后排不是向前推动撞击前排岩石,而是向上及向后运动,产生上冲和后冲,造成飞石并产生大量石块。本设计考虑到国产雷管的类别,前几排选用25ms时间间隔,后排选用50ms时间间隔。选用非电导爆管起爆系统,为保证孔内炸药可靠起爆及形成稳定爆轰,每个炮孔内放两个起爆雷管(浅眼爆破炮孔内放一发雷管)。

对已形成良好作业条件的工作台阶,采用梅花形布孔,大角度V形起爆顺序是最佳选择。为了减少外界杂散电流、感应电流、射频电流等可能引起的早爆或误爆事故,本工程不定购电雷管,全部采用非电复式导爆管起爆网络,导爆管与导爆管之间用四通连接件相连,起爆网络见图6.1-2。

石方爆破工作按《爆破安全规程》(GB 6722—2014)的相关规定执行,通过合理的设计和科学的管理,可以有效地控制爆破飞石和冲击波,降低爆破作业的安全风险,确保爆破作业的安全性和有效性。同时采取相应的防护措施,保障人员和设备的安全,从而提高露天矿开采的效率和效益。

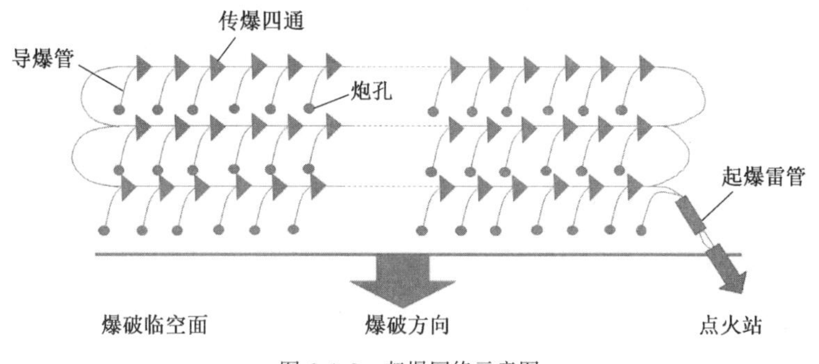

图6.1-2　起爆网络示意图

2)土方开采

根据物料区地质剖面图,结合人工岛施工工序,物料开采施工可按照如下顺序进行:表层土开挖、强风化岩层开挖、中风化玄武岩层开采、其他石料开采。

首先选择中风化玄武岩埋藏较浅的区域作为先期开采区,将表层土和强风化岩层开挖后用作修筑临时施工通道。先期开挖采用大面积浅层开挖,即遇到中风化岩层即停止深挖,而采用水平方向四向推进。待施工通道修筑到人工岛护岸或海堤位置时,即可同时进行堤心石回填施工,此时可开采中风化玄武岩。中风化玄武岩层采用爆破方式开采。中风化玄武岩石料可用作人工岛护岸、海堤的堤心回填以及陆域的堤心回填等。

物料开采作业遵循特定的地理和操作原则。南部区域的开采工作将从北端开始,逐步向南端推进;相应地,北部区域的开采则从南端启动,向北端进行。这种方向性的开采策略旨在优化作业流程,减少对环境的影响,提高开采效率。为了确保开采活动的精确性和安全性,各个区域的开采深度将严格依据《物料区选址报告》中所定义的细分网格线内的底高程进行。

由于物料区总土石方料量大于本工程所需石料量,因此在分区开采时要遵循一个原则:在施工过程中随时监控剩余石料需求量和剩余供给量,必要时可整体抬高开采底部高程,在确保开采总量满足使用量的同时保证开采分界线附近不形成孤山。施工准备期间,测量人员提前重新对开山区进行测量放线,根据设计图纸范围、高程和开挖坡度计算出开挖线控制点,进行放线,并在开山区域边界做好标记。

施工中,将不同土质用于不同工程部位。浅层土开挖料用于物料区通往人工岛的施工便道路基加固,风化料(山皮土)则用于修筑施工便道、道路护坡等,也可用于开挖的黏性土和风化料掺合回填碾压,形成泥结石路面。

表层土采用挖掘机进行开挖。本工程表层土层较薄,为满足施工便道修筑的材料需求,可从表层土层较薄的区域开始开挖,施工便道修筑可采用风化程度较高的岩层。施工便道修筑从物料区向回填区方向进行,使用自卸汽车运输土石,挖掘机和推土机配合碾压和整平。本工程物料区通往西岛、心岛、东岛采用不同的施工便道,便道修筑可展开多个工作面同时进行。

修筑便道应满足车辆运输需要,上山坡度应小于1/8,确保运输车辆交通安全。

为提高施工效率,开挖将分区进行,工作面由少渐多,根据进度需要尽量多开工作面,运输车辆视路线远近合理搭配,灵活调度,合理利用。开山施工必须服从整体调度,保障回填区的回填土石料供应,施工时机械可错开作业,能直接用挖掘机开挖的,边开挖边装车运至回填区;挖掘机开挖困难的,使用挖掘机前换装镐头进行镐松破碎,再用挖掘机开挖装车。镐头松动破碎与挖掘机装车分区错开作业,既不窝工又确保施工安全。对于镐头难以镐入破碎的岩层,则采用爆破施工。爆破施工要加强安全控制,摸索经验后,形成典型施工范例,再展开施工。

开山边坡根据土质应留有安全的稳定边坡;如边坡为岩石,根据坡度考虑顶裂或光面爆破。将每天应完成的爆破方量落实到各个区域,以保证日产量。施工前将爆破队分成多个分队,同时开工。

6.1.5 岛壁施工

1)岛壁选型

在进行护岸设计时,设计者需综合考虑多种因素,以确保所选结构既能满足功能需求,又能与周围环境和谐共存。斜坡式护岸因其结构的简单性和施工的便捷性,成为许多工程的首选。这种结构形式在波浪作用下能够有效地吸收或消散波能,减少波浪对岸线的冲击,从而保护岸线不受侵蚀。然而,斜坡式护岸也有其局限性,特别是在材料使用和占地面积方面。由于其结构特点,斜坡式护岸在材料和空间上的消耗相对较大,这在资源有限或空间受限的地区可能不太适用。因此,斜坡式护岸更适宜于水深较浅、石料资源丰富、地基条件良好的地区。

与斜坡式护岸相比,直立式护岸在水深较大的区域显示出其独特的优势。由于其结构特点,直立式护岸在材料使用上更为经济,尤其是在水深较大的条件下,与斜坡式护岸相比,其材料节省的优势更加明显。但直立式护岸在消除波能方面的效果不如斜坡式,且对地基的要求较高,对不均匀沉降较为敏感。对于游艇港区域,考虑到其特殊的使用功能和对水深的要求,直立式护岸成为更合适的选择。直立式护岸能够更好地适应游艇港区域的水深条件,同时减少材料的使用,降低工程成本。通过合理选择结构形式,工程设计既满足了功能需求,又兼顾了经济性和环境友好性,体现了工程设计的综合性和前瞻性。

在本工程中,考虑到所在区域石料资源丰富、地基条件良好以及波浪条件适宜,设计者经过综合评估和经济性对比,决定在除游艇港区域外,其他区域均采用斜坡式护岸。这样的选择不仅能够满足工程的功能需求,还能提高工程效率,降低工程成本,并在一定程度上保护生态环境,实现经济效益与环境效益的双赢。

2)海侧斜坡堤护岸

海侧护岸工程总长为10201.01m,堤顶宽度为7.5m,堤顶高程+7.5~8.5m。通往东、西岛便道顶宽15m,顶高程按+4.0m控制,双向四车道,考虑到扭王字块体安放陆上起重机的起吊和长臂挖掘机的能力,施工便道在靠近岛海侧护岸时顶高程控制在+1.8m。本部分采用抛石斜坡式结构。堤心石采用10~500kg开山石。外海侧波浪较大,护面使用6t扭王字块,坡度为1:1.5,垫层块石为1.1m厚、300~500kg重,坡脚底部在原海床泥面上铺设软体排,软体排之上设0.5m厚碎石垫层及1.0m厚、100~200kg重护底块石。堤顶结构为0.5m厚灌浆块石与钢筋混凝土弧形挡浪墙,墙后设600mm×800mm排水沟。海侧护岸结构形式采用抛石斜坡式护面。

斜坡堤的工作流程:测量定位→铺软体排→船抛碎石垫层→船抛100~200kg块石护底→10~500kg堤心石抛填→300~500kg块石垫层理坡→6t扭王字块体预制安装→二片石抛理→碎石垫层抛理→土工布铺设→碎石垫层抛理→回填开山料→防浪墙施工。

(1)典型工艺之扭王字块体预制和安装。

扭王字块的工作流程:模板支立→模板验收→申请浇筑令→浇筑混凝土→养护→拆除模板→养护→质量检测评定→块体倒运→上堤安装。

在进行小构件的预制过程中,施工单位采用了两种不同的预制区域布局和相应的施工方法,以适应不同的施工需求和提高施工效率。在条形区域,施工单位利用铲车与门式起重机的配合进行模板的组装工作,确保了模板的稳定性和组装的精确性。混凝土浇筑则通过罐车直接进行,保证了混凝土供应的连续性和浇筑的均匀性。在混凝土达到规范允许的起吊强度后,门式起重机被用来将混凝土构件倒运到块体存放场地进行储存,这一步骤不仅提高了施工的安全性,也便于后续的管理和运输。

对于三个矩形区域的预制,施工单位采用了塔式起重机配合人工支拆模板的方式,这种方式在提高施工效率的同时,也保证了模板的稳定性和施工质量。混凝土浇筑同样采用罐车直接进行,确保了施工的连续性和均匀性。在混凝土达到起吊强度后,塔式起重机将块体吊至块体储存场地进行储存,远距离的块体倒运则通过8t叉车辅助完成,而块体的堆高存放则由25t起重机来完成。这样的配合不仅提高了施工的灵活性,也确保了施工的安全性。

结合预制施工进度计划,施工单位制定了最大单日预制块数为120块的目标,并预留了满足600个块体同时预制的场地,以确保施工的周转要求得到满足。该计划的制定,体现了施工单位对施工进度的严格控制和对施工效率的高度重视。

在安放扭王字块体前,施工单位仔细检查块石垫层的厚度、块石的质量、坡度和表面平整度,确保所有条件都符合设计要求。如果发现不符合要求的情况,施工单位会及时进行修整,以保证施工质量。扭王字块体的安放采用自下而上的方式,底部的块体与水下块体紧密接触,以确保结构的稳定性。

扭王字块体的水平运输采用60t托盘车从预制场运至安放地点,再利用80t履带式起重机将块体吊至指定位置。在安放过程中,施工单位采用了定点随机安放方法,并通过自动脱钩技术实现块体的直接就位。块体在坡面上可以斜向放置,但要求块体的一半杆件与垫层接触,同时相邻块体的摆向不宜相同,以保证结构的整体性和美观性。

为了保证安放的数量满足设计要求,施工单位在每安放100m后,由潜水员进行水下检查。对于漏抛的部位,潜水员会进行标识,并在后续施工中进行补抛,确保施工的完整性和质量。这种严格的检查和补抛流程,体现了施工单位对施工质量的严格要求和对工程完美的追求。

(2)典型工艺之现浇混凝土防浪墙。

模板加工、拼装:防浪墙模块单套由后模、前模、侧模三部分组成。模板的结构设计除了能够满足强度和刚度要求外,还综合考虑了模板自身稳定等因素。

为了满足质量要求,模板均采用钢桁架式钢构,以4mm厚钢板作板面,10号槽钢桁架按间距0.8m布置;竖向及水平围囹均用槽钢[14,竖向围囹间距与桁架间距相同,水平围囹间距按0.5m布置,制作5套模板周转,每段防浪墙长10m,段与段之间设沉降缝,缝宽20mm,用涂刷沥青的木板隔开。防浪墙分两次浇筑,第一次浇筑顶高程至+5.0m,第二次至设计顶高程。

模板支设:采用25t起重机安装,安装前用仪器定点弹线。安装顺序:后沿模板—两侧模板—前沿模板—四片模板组装一体后,再用仪器观测顶端模块的准确位置。

模板和支架质量要求:具有足够的强度、刚度和稳定性;保证工程结构和构件各部分形状、尺寸和相互位置的正确;能可靠地承受新浇混凝土自重和侧压力;构造简单、装拆方便;与混凝土施工工艺相适应,便于混凝土浇筑;模板的接缝不得漏浆。模板的制作、安装标准按行业有关标准规定执行。

混凝土施工:防浪墙混凝土采用搅拌站搅拌,混凝土罐车水平运输,混凝土泵车入模,插入式振捣棒振捣。浇筑过程中试验人员及时检测混凝土的坍落度和留置的混凝土试件,并及时掌握所拌混凝土的和易性和流动性。

现浇第二层混凝土之前,对底层水平施工缝表面应进行凿毛清理,并用淡水进行润湿处理,但不得积水。在结合层上需要浇筑一层不低于混凝土强度等级的砂浆,以加强层间的黏结力。

振捣采用ϕ50mm插入式振捣棒,振捣由近模板处开始,先外后内,移动间距不应大于250~300mm,至模板距离不应大于100mm,并应避免碰撞模板。顶层应进行二次振捣及二次抹面,以防松顶和表面干裂。如有泌水现象,应及时排除水分。

养护:混凝土浇筑并振捣完毕拆模后及时用土工布压住,并保持勤洒水,使其处于湿润状态。养护期应大于10d。每一段防浪墙浇筑完成后,在其两端进行沉降位移观测。

3)直立护岸

直立式护岸是普遍被认为景观性较好的方案,其外立面垂直平整,后期也容易进行二次美化。与传统现浇混凝土护岸结构相比,装配式重力式混凝土护岸结构采用工厂预制、运输至现场进行安装等。对装配式结构来说,预制构件越大,预制、安装等效率越高,工期越短。实际上,预制构件并不是越大越好,其预制尺寸、形式、质量等受到预制条件、运输能力、运输方式、吊装能力等方面的限制,需要根据上述限制条件进行合理的结构拆分,确保装配化结构可靠、顺利实施。一般可根据护岸结构形式选择整体预制式或结构分块预制,例如:装配式方块护岸结构和装配式多层空箱护岸结构,其自身主要由块体或箱体组成,宜采用整体预制的方式,而装配式预制L形护岸结构和装配式预制扶壁护岸结构,一般结构分段长约10m,一次性整体预制、运输比较困难,也不利于吊装,需进行拆分。

通过对国内工程案例的分析、研究及总结,装配式重力式混凝土护岸结构拆分后的预制构件主要包括L形挡墙、立板、底板、混凝土方块、空箱块体等形式。其拆分遵循的主要原则:

①拆分接缝一般设置在构件受力较小的部位;②拆分构件要符合模数协调原则,预制构件的种类尽量少;③拆分构件满足制作、储存、运输、施工、安装等要求。

受力明确、传力可靠、施工便捷、质量可控的连接方式是确保装配式护岸结构安全、稳定工作的关键。目前,连接方式可分为湿法连接和干法连接,湿法连接主要指预制构件通过现场后浇混凝土、水泥基灌浆等进行连接的方式,结构性能等同于整体现浇混凝土结构;干法连接主要指预制构件通过螺栓、法兰、焊接、凹凸榫槽等连接的方式,该连接一般要进行节点与接缝承载力验算。

在顾宽海等学者的研究中,对重力式混凝土护岸结构进行了深入分析,归纳总结了五种主要的结构类型。这些结构类型不仅在设计和施工上各有特点,而且各自适用于不同的地质和水文条件(表 6.1-1)。

各种装配式重力式混凝土护岸结构基本特征 表 6.1-1

结构	适用范围	技术特点
装配式预制 L 形护岸结构	地基承载力较高,挡土高度较小,浪流较大,环境生态要求较低的护岸工程	预制构件简单,可拆分为整体 L 形、立板和底板,构件厚度小、自身重量较小,施工工艺简单
装配式预制扶壁式护岸结构	地基承载力高,挡土高度较高,浪流较大,环境生态要求较低的护岸工程	预制构件较简单,可拆分为 T 板和底板,构件厚度小、自身重量较小,施工工艺较简单
装配式方块护岸结构	地基承载力较高,挡土高度较小,浪流较小,环境生态要求较低的护岸工程	预制构件简单,为方块构件,施工工艺简单,缺点是自身重量较大、混凝土工程量较大
装配式单层空箱护岸结构	地基承载力高,挡土高度较高,浪流较大,环境生态要求较低的护岸工程	预制构件简单,可为单体箱体构件,结构能充分利用混凝土材料的力学性能,空箱内回填各种填料,施工工艺简单,缺点是自身重量较大
装配式多层空箱护岸结构	地基承载力较高,挡土高度较高,浪流较小,环境生态要求高的护岸工程	预制构件较简单,为箱体构件,结构能充分利用混凝土材料的力学性能,空箱内回填各种填料,结构生态环保、外观美观,自身重量较小,施工工艺简单

结合实际情况,本工程中直立式护岸采用重力式扶壁结构、沉箱结构,总长度 4903.47m,分为 4 个区域,采用装配式单层空箱护岸结构,其结构形式如图 6.1-3 所示。

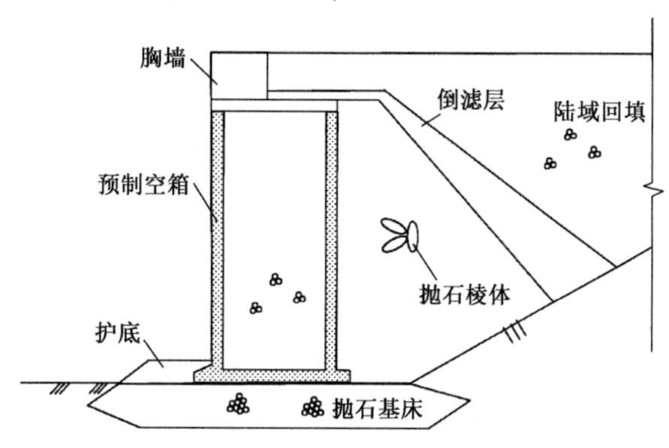

图 6.1-3 单层空箱护岸结构

工程的施工流程为:测量放线→基槽挖泥→基床抛石→基床夯实→基床整平→扶壁(沉箱、方块)预制→扶壁(沉箱、方块)安装→棱体、二片石、碎石垫层→土工布→现浇胸墙。

在进行基槽开挖工程时,精确的前期准备和施工过程中的严格控制是确保工程质量的关键。

(1)在基槽开挖之前,必须进行详尽的水深复测,以核实挖泥量。这一步至关重要,因为它将直接影响到施工计划的准确性。如果在现场勘查中发现有回淤现象,必须将回淤量纳入挖泥量的计算中,以确保施工计划的科学性和可行性。

(2)鉴于挖泥厚度较大且土质较为松软,基槽开挖应采用分层施工的方法。这种分层施工技术不仅可以提高施工效率,还能有效减少对周围环境的影响,确保施工安全。

(3)在挖泥作业中,频繁的对标和水深测量是保证基槽平面位置准确性的关键。这不仅可以防止欠挖,还能有效控制超挖现象。在控制设计高程时,需要根据土质的不同采取相应的措施。如果在挖掘至设计高程后发现土质与设计要求不符,应立即与设计单位沟通,采取相应的调整措施。

(4)对于基槽岸线较长的工程,为了避免回淤现象的发生,建议采用分段开挖的策略,可以确保每一段落的施工质量,减少因施工时间过长而导致的回淤风险。

(5)在基槽挖泥的控制方面,应严格遵守超深不大于500mm,每边超宽不大于1000mm的标准。这些参数的设定是基于工程经验和土力学原理,以确保基槽的稳定性和工程的安全性。

(6)泥驳运泥外抛的策略应考虑到环境保护和资源再利用的原则。在本工程中,挖出的泥土可以直接就近抛至指定的回填区域,如西岛、心岛的中间区域,实现资源的有效利用。

(7)根据实际施工进度,合理安排各部分的施工顺序,确保工程的连贯性和效率。原则上,基槽挖泥应一次性完成,避免重复进场造成的时间和成本浪费。挖泥船在驻位完成后,应根据预先建立的施工区域小网格进行精准定位,确保每一抓挖泥的位置准确无误。挖泥完成后,操作手应根据计算机屏幕的显示,对下一抓挖泥位置进行精确定位。每一船的挖泥完成后,操作手应指挥移船,继续下一施工网格作业。

(8)在挖深控制方面,基槽挖泥应采用分区分层的方法,根据地质条件的不同确定合适的分层厚度。每个区段的挖泥底高程都应有所区别,施工前应准备好各区域的挖泥高程表格,并将其提供给挖泥操作手,以便在施工过程中进行核对和控制。

(9)为确保工程的长期稳定性,对基床块石的质量要求严格。基床块石的质量标准包括:质量在10~100kg之间,饱水抗压强度不低于50MPa,石块未风化、不成片状、无严重裂纹。为了加快基床抛石的进度,可以结合采用粗抛和细抛两种方法。在顶层面以下0.5~0.8m的范围内进行细抛,在此范围外可以采用粗抛。粗抛可以使用小型开底驳船和600t自航驳进行,细抛必须使用带有挖掘机的600t自航驳。抛石基床的施工中,应预留10%~20%的分层厚度作为夯沉量,以适应未来可能的沉降。

6.1.6 地基加固

1)强夯地基处理方法概述

强夯法,英文直译为动力压实(dynamic compaction),顾名思义是将重锤吊到数米高空,触发插销让重锤自由下落冲击地基,在地基土中产生应力波,振动压密土体。随着我国强夯技术的发展,许多中国学者利用大量的工程施工经验建立了经验公式。谭昌奉基于处理湿陷性黄土地基提出了有效加固深度、地基土含水率和孔隙比、夯击能的关系。吴达人结合工程实践将粗粒土与细粒土分开对比研究发现粗粒土与细粒土的α(强夯加固计算深度修正系数)取值都在0.5~0.6之间,但粗粒土取值偏大,细粒土取值较小。叶观宝在研究碎石土的过程中为验证吴达人关于粒径越小α取值越小的结论,又研究了砂土、粉土、黏性土的取值,得出砂土与碎石土α范围大致在0.39~0.6,黏性土与粉土α取值在0.35~0.5。刘慧珊为精确碎石土的取值进行了大量试验,得出用0.52来作为取值对大部分碎石土来说比较合理。现在强夯技术的工程应用超前于理论研究。对国内山区和沿海地区而言,建设用地越来越少,需要开山填沟或填海造地,这些工程往往填土较深且多有较大粒径石块,因此,未来国内需要加强发展高能级强夯技术,因为低能级强夯加固深度相对较浅,导致需分层强夯,不仅浪费了资金还延长了工期。面对越来越复杂的工程问题,需要在大胆创新技术、追求更高能级强夯的同时加强检测技术,用更完善、更科学、更规范的检测方法来检验强夯加固效果。

强夯法主要适用于碎石土、素填土等低饱和土地基,若地下水位升高,减弱强夯加固效果时,要进行降水处理。对强夯法而言,试夯十分关键,施工前应根据场地实际情况与建筑规模特点选取试夯区进行试夯。其原理是通过重锤夯击使表层地基土密实,重锤强大的夯击能产生冲击波在地基中传递,动应力强迫土体动力固结。强夯的施工参数有:依据当地经验和试夯确定的有效加固深度,依据试夯所获夯沉量和夯击次数确定的夯点夯击次数,依据土体性质确定的夯击遍数以及夯击遍数间的时间间隔,依据基础形状确定的夯点位置等。

2)强夯地基加固机理

振动波理论:重锤下落到地基将动能释放到地基土中,并以波的形式在土体中传播,使土颗粒间产生滑动后排列紧密,减少沉降,提高强度。可将土体视为弹性半空间体,重锤接触地面产生强烈振动,除去声波向空中传播与摩擦土体产生热量消耗的动能,其他能量都通过波的形式以夯坑为中心向下传递。这种振动波可以分为体波和面波,体波可以在土体内部传播,如纵波(P波)和剪切波(S波),面波(R波)只能在地基表面传播,如瑞雷波。纵波是由夯锤底向外传播的纵向波,其点振动方向和波的前进方向吻合,振动的能量较小,约占总能量的7%,故对土体振密的影响力较小,它在砂土中的波速为300~700m/s,振动周期短,振幅小;剪切波是由夯锤底向外传播的横向波,其点振动方向和波的前进方向垂直,振动的能量较大,约占总能量的26%,故对土体振密的影响力大,它在砂土中的波速为150~260m/s,振动周期长,振幅大;瑞雷波是在半空间边界附近传播,其质点在波前进方向和地表法线方向组成的平面内作沿椭圆形运动,振动能量占总能量的67%,它在砂土中的波速5~300m/s,周期长、振幅大且不能在液体中传播,只能在固体中传播。拥有较大能量的瑞雷波在地基表面传播,但它对于地基的振密没有起到任何的作用。最后只有总能量三分之一的波进行了土体的振密,即纵波和剪切波。前面所述纵波的波速比剪切波速大,所以纵波先影响土体结构沿着液相运动,使孔隙水压力增大,使土体骨架遭到破坏;这时剪切波带着更大的能量到达,使土颗粒重新排列为更密实的状态。

动力固结原理:饱和土加固的宏观原理,根据 Boyle – Mariotte 定律,在定量定温下,理想气体的体积与压强成反比。强夯的冲击在土体中产生巨大的应力,使土体结构破坏,夯击能是固定的,所以垂直方向每次夯击受到的应力不变,水平方向受到土粒骨架和孔隙水传递的水平力是变大的。根据经验,往往夯击 20 次后这种水平力增加到最大,超孔隙水压力也随之变大,导致垂直应力变小,水平应力变大垂直应力变小即产生水平方向的拉应力,使地基垂直方向形成微裂缝,使孔隙水更易排出,土体被压缩,加速地基固结。土体被压缩导致孔隙水压力变大;孔隙水被挤出,水压力随之变小,则气泡膨胀使土体又能进行二次夯击压缩。强夯导致土体结构损坏,孔隙压力变大,土体出现触变现象,孔隙压力散去,停止触变,土体强度增大。夯击 1 遍压密较小,甚至出现土体结构破坏强度较夯前降低,进行第 2 遍强夯,土体被压密,触变恢复后强度得到较大加强,根据情况制定夯击遍数即可最终完成地基加固,这也是要先进行试夯的原因之一。

动力置换原理:在沿海河湖地区,强夯经常会遇到淤泥质土即透水性很低的饱和土。大量工程实例证明,强夯法处理此类土加固效果不理想,土中水很难排出,孔隙水压力消散缓慢,单单靠强夯的压密作用明显不够。从换填垫层法汲取灵感,可将建筑垃圾等坚硬的碎石块利用夯锤的冲击打入土中,变相置换了饱和软黏土,形成墩柱状的坚硬土层与饱和软黏土组成复合地基。除了置换不良土质外,这些建筑垃圾等坚硬碎石块还能形成排水通道,加速排水性差的饱和土排水固结,这两种效应共同使地基加固效果提升。

3)强夯施工参数设计

强夯施工控制设计的参数一般包括有效加固深度、夯击能、夯点间距、夯击次数、夯击遍数、夯点布置和间隔时间等。

由于土体的种类十分丰富,即便是同一种土如果含水率不同,强夯的效果也会有差别。不论哪种土质,强夯的加固范围是强夯设计时重要的考虑因素,李宁研究假设夯坑周围隆起的土体全部是地表土体变疏松导致的,由于土骨架和水可认为不会被压缩,则夯坑下陷的体积可近似看成夯锤以下土体孔隙减小的体积;土的干密度可以较好地反映此变化,以土体密实度的增长为依据,计算强夯的加固范围。

设夯击到第 i 次时,加固区的体积为 V_i,那么加固前该区域的体积为 $V_i + \pi R^2 h_i$(R 是夯锤的半径,h_i 是夯坑下陷的深度),土的固体颗粒总质量 m_s 夯击前后不变,则夯击前后加固区的干重度:

$$\gamma_{d1} = \frac{m_s g}{V_i + \pi R^2 h_i} \tag{6.1-1}$$

$$\gamma_{d} = \frac{m_{s}g}{V_{i}} \tag{6.1-2}$$

式中：g——系数，取9.8N/kg；

γ_{d1}——夯击前土的干重度（kN/m^3）；

γ_{d}——夯击后土体最密实状态下的干重度（kN/m^3）。

在夯击第 i 次后土体的干重度提升率：

$$d_{i} = \frac{\gamma_{d} - \gamma_{d1}}{\gamma_{d1}} \tag{6.1-3}$$

$$V_{i} = \frac{\pi R^{2} h_{i}}{d_{i}} \tag{6.1-4}$$

工程中多次求得d_i比较困难，可假设夯击第 i 次时土体的最大干重度提升率 d_i 与夯击第一次时土体干重度提升率d_1有如下关系：

$$d_{i} = \mu d_{1} \tag{6.1-5}$$

式中：μ——系数；

d_1——夯击第一次时土体干重度提升率（%）；

d_i——夯击第 i 次时土体干重度提升率（%）。

强夯加固区近似为球形，故加固区可表示为：

$$(z-\beta)^{2} + x^{2} = r_{i}^{2} \tag{6.1-6}$$

式中：z——夯击区的中心高度（m）；

β——球形的中心垂直高度（m）；

x——距球形中心的水平距离（m）；

r_i——加固区宽度的一半（m）。

球形经过夯锤边上（R，h_i）点，可得：

$$(h_{i}-\beta)^{2} + x^{2} = r_{i}^{2} \tag{6.1-7}$$

夯坑边缘上与球体相切的环状裂缝，与 z 轴的夹角 $\alpha = 45° - \frac{\varphi}{2}$（$\varphi$ 为有效内摩擦角），可得：

$$\tan(90° - \alpha) = \tan\left(45° + \frac{\varphi}{2}\right) = \frac{R}{\beta - h_{i}} \tag{6.1-8}$$

对这个被切球形的体积进行积分：

$$V_{i} = \frac{2\pi r_{i}^{2}}{3} + \pi R^{2}(\beta_{i} - h_{i}) + \frac{2}{3}\pi(r_{i}^{2} - R^{2})^{\frac{3}{2}} \tag{6.1-9}$$

可得球形加固范围在第 i 次夯击时的参数：

$$r_{i} = \sqrt{\frac{(3S_{i}+R)\left(R+2\sqrt{R(R+3S_{i})}\right)R}{3R+12S_{i}}} \tag{6.1-10}$$

$$S_i = \frac{h_i}{d_i \tan\left(45° + \frac{\varphi}{2}\right)} \tag{6.1-11}$$

$$H_i = h_i + \tan\left(45° + \frac{\varphi}{2}\right)\left(\sqrt{\alpha_i^2 - R^2} + \alpha_i\right)\frac{\sqrt{\alpha_i^2 - R^2}}{R} \tag{6.1-12}$$

式中：H_i——夯击第 i 次时，从上一次夯击后算起的加固深度（m）。

上面所述的强夯加固范围计算公式，以土体密实度的增长为依据，综合考虑夯沉量的影响。

（1）夯点位置与间距的选择。

强夯法加固地基，关键在于夯击。由于建筑物荷载主要通过基础传给地基，建筑物各位置荷载情况不同，因而地基的各位置受力点不同，夯击位置将直接影响上部结构。要综合分析建筑物结构形式、建筑物基础类型、施工场地地层情况等。夯点位置可分为梅花形点与正方形点，如图 6.1-4 所示。对于大面积且荷载均衡的建筑物，可以按梅花形布置夯点；框架式结构等隔墙多的建筑，需要在每道墙体下布设夯点，且这两种情形夯完后，需要进行彼此夯印搭接四分之一的满夯，夯击能为之前的四分之一，目的是为了消除前面夯击点间距处的松土；对于强夯挤淤要使用夯印彼此搭接 200 ~ 300mm 的排夯法；对于单层大面积有柱的厂房，要依据柱网布设夯点，不仅保障了重点区域，还能够降低夯击面积。

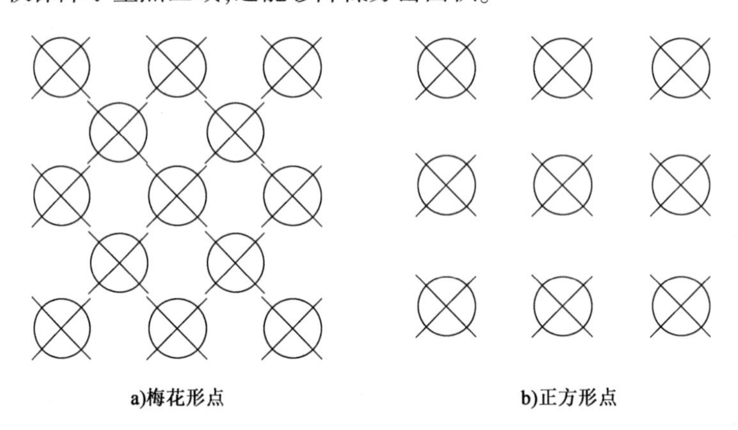

图 6.1-4　夯点布置样式

夯点间距要根据土体性质与加固深度共同确定，以保证夯击能作用到深处，避免周围夯坑产生裂缝，因此它对强夯加固效果也有显著影响。第一遍夯击，若夯点间距小会使相邻夯点加固区在较浅处重合，造成硬土层夯击能难以向更深处传递，因此要使夯点间距大些，使夯击能传递至深层土体，这样可以使深层地基得到加固；第二遍夯击在前一遍夯点的中间；最后要进行彼此搭接的满夯，其目的是保障地表土的均匀性和密实度。

（2）夯击次数与遍数。

夯击次数是指在一个夯点一次连续的夯锤下落次数，它的判断要依据现场试夯与工程要求相结合，根据夯击沉降曲线与最后 2 击沉降量差值确定。目的是为了到夯坑竖向压缩量达到最大、夯点周围土体隆起最小,不会因为夯坑过深而导致提锤困难。夯击次数少达不到加固效果,但也不是越多越好,因此它也是强夯加固的重要参数。如碎石土地基已经被夯至最密实状态,这时夯击能产生的波不足以让咬合紧密的颗粒再次发生错位,地基沉降只能依靠土中水和气体的排出,但此时密实的碎石土孔隙很小,故夯击沉降量也很小,参照试夯最后2击的沉降量差值若在规定范围,则该夯击数即为所求夯击数。

夯击遍数不同于夯击次数,它是指对整个场地的同一批夯点,按设计的夯击次数全部完成夯击,这一过程称为夯击1遍,所有点夯遍数与满夯遍数称为夯击遍数。对于碎石土等透水性能好的粗粒土,可适当提高夯击次数,夯击遍数少些;对于黏土等透水性能差的细粒土,可适当减少夯击次数,夯击遍数多些。对于夯击点间没有压密的土或夯坑侧松土,需要经过满夯加固,满夯的夯击能为点夯的四分之一,夯点布置为彼此交错搭接,加固深度3~5m可有效地加固地基表层。

(3)时间间隔。

我国强夯法施工中,夯击一遍的情况很少,往往需要夯击2遍以上。时间间隔就是指2遍夯击之间的空档期。间隔的目的是等待土体中超孔隙水压力的排出,其时间依据超孔隙水压力消散时间而定。夯点间距与土体性质共同影响着水压力消散速率。从土体性质分析,土颗粒大小、土层厚度、含水率是主要因素,那些颗粒细、土层厚、水多的地基土,孔隙水压力必定消散缓慢,间隔时间长;一般渗透性高的黏土地基间隔为1~2周,渗透性差的间隔越长越好,一般不低于3~4周;那些含水率、低颗粒又粗的地基土,孔隙水压力消散快,间隔时间短。从夯点间距分析,夯点间隔距离小,会有夯击能重合区域,此区域孔隙水压力较高消散的时间更长;相反,间距大消散快间隔短。目前可以通过埋设孔隙水压力探头监测水压力,以便确定时间间隔。

(4)夯锤与夯击能。

由于起重设备抬升夯锤的高度有限,所以强夯的有效加固深度跟锤重密切相关,采用的锤重一般为100~600kN。夯锤下落至地基将能量传到土体,这个过程中夯锤底面与土体接触最多,其形状有正方形、圆形、球形,在工程实践中各有利弊。正方形底面所对应的是方锤,利:地基形状与夯锤形状类似;弊:下落过程中容易倾斜,落点偏移,损失夯击能。圆形底面对应圆柱锤与倒圆台锤,利:落点精确,不偏移,夯击能损失少;弊:锤形与基础形状不一致,需要布设夯点。倒圆台即上下面都是圆形且上面半径比下底面半径大,利:除了拥有圆柱锤的优点外还有减小地基表面的扰动松散区,降低强夯引起的振动噪音;弊:同圆柱锤。球形底面对应球形锤,利:振动与面波减小显著,空气阻力少,与土体的作用效果更显著。以上是形状的影响,对尺寸而言主要依据土体性质,底面尺寸小的夯锤一般用于透水性能好的碎石土,大尺寸锤用于透水性能差的淤泥质土,为了保障施工安全与地基排气会设计排气孔。

选择合适的夯击能,不但可以提升地基加固效率,还能节省施工费用。如回填碎石土地基,夯击能设计太小会造成上层填土压密形成硬土层,而下层没有达到设计要求的加固效果;夯击能太大会浪费资金并且对周围环境带来不必要的影响。夯击能分为3类,单击夯击能、单位夯击能和最佳夯击能。

单击夯击能可以理解为夯锤的重力势能,即夯锤重力与其下落高度的乘积,但夯击能与势能并非1:1转换,夯击能在接触土体过程中摩擦损耗,在波的传播过程中损耗。可以通过设计要求的加固深度和土体性质确定,见式(6.1-13)、式(6.1-14)。以上都为参考值,因为波在土体中损耗明显且与场地土质紧密含水率密切相关,故最终还是要根据试夯确定。

$$E = Mgh \tag{6.1-13}$$

$$E = \left(\frac{H}{d}\right)^2 g \tag{6.1-14}$$

式中:E——单击夯击能(kN·m);

M——夯锤质量(t);

g——系数,取9.8N/kg;

h——下落高度(m);

H——加固深度(m);

d——修正系数(0.35~0.70),粉土或黏性土为0.5,砂土为0.7,黄土为3.35~0.5。

单位夯击能的大小与土体性质有关,它表示地基单位面积上所受夯击能总和。往往细粒土取1500~4000kN·m/m^2,粗粒土取1000~3000kN·m/m^2,相同的情况下细粒土比粗粒土取的大一些。对于饱和黏性土夯击能尽量分多次施加,单击夯击能太大会造成土体向外侧挤出,地基强度不增反降,要预留2遍夯击的间隔时间充分排出超孔隙水压力。

在夯击作用下,若土体中孔隙水压力与自身重力相等,则此时的夯击能称为最佳夯击能。碎石土和黏性土要分开判定最佳夯击能,因为碎石土的孔隙水压力消散很快,连续夯击时不会由于来不及消散而造成孔隙水压力的叠加,随着击实次数的增多,孔隙水压力将趋于稳定,此时碎石土接受能量状态达到饱和,可绘制孔隙水压力增量与夯实次数的曲线来判定最佳夯击能;黏性土孔隙水压力消散慢,连续夯击会造成没有消散的水压力相互叠加,故根据叠加的孔隙水压力来判定最佳夯击能。

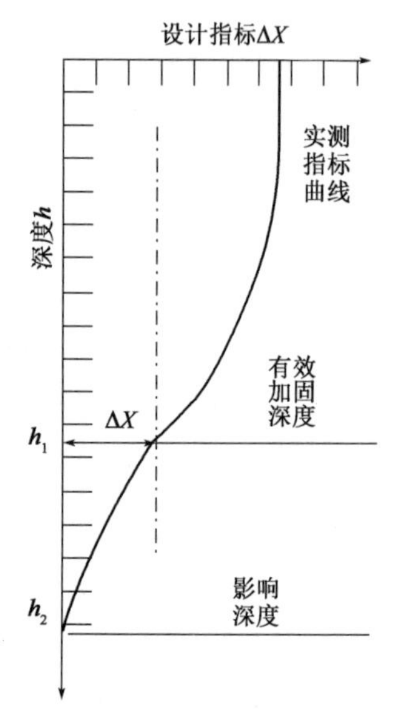

图6.1-5　加固深度概念

(5)预估加固效果。

强夯设计时,要预先根据使用需求判断最终要达到什么样的加固效果,来确定加固方法的可行性与经济性。在强夯法中有效加固深度是评价加固效果的重要因素,它是指经过强夯加固后,土层的地基承载力特征值与变形模量都显著增加的土体范围,与影响深度是两个完全不同的概念,容易混淆,如图6.1-5所示。这是某一工程强夯后的地基承载力指标图,可以看出从深度h_2往上地基承载力均提高,即强夯加固效果影响深度为h_2,若根据设计要求地基承载力增量要达到ΔX,则从深度h_1往上地基承载力增量才能达到设计要求,故h_1就是有效加固深度。要注意的是这里是举例一个参数说明,按照工程要求必须是所有设计指标全部满足才能称为有效加固深度,有效加固深度是多方面的,正是这个原因有些施工单位报的加固深度往往偏大。

有效加固深度直接影响了建筑物基础的设计、夯击能的选择、夯点位置排列、地基整体的均匀性。它受影响的因素也很多,除了夯锤(锤重、底面积等)与其下落高度外,还有加固土体的性质(颗粒大小、密实度、饱和度等)、不同地层情况、地下水情况、强夯设计参数等影响因素。其计算方法由 Menard 提出:

$$h = \sqrt{MH} \tag{6.1-15}$$

式中:H——落距(m);

M——夯锤质量(t);

h——有效加固深度(m)。

这是最早提出的有效加固深度公式,存在很多不足,从理论上看等号两边单位量纲不对应,从经验方面看不同的土体工程性质区别很大但该式并没有体现,因此在实际工程中存在较大误差。

根据《建筑地基处理技术规范》(JGJ 79—2012),强夯法有效加固深度要现场试夯或以当地经验确定,若缺少资料可以按照表 6.1-2 预估。

强夯法的有效加固深度 表 6.1-2

单击夯击能 E (kN·m)	砂土、碎石土等粗粒土 (m)	粉土、黏土、湿陷性黄土等细粒土 (m)
1000	4.0~5.0	3.0~4.0
2000	5.0~6.0	4.0~5.0
3000	6.0~7.0	5.0~6.0
4000	7.0~8.0	6.0~7.0
5000	8.0~8.5	7.0~7.5
6000	8.5~9.0	7.5~8.0
8000	9.0~9.5	8.0~8.5
10000	9.5~10.0	8.5~9.0
12000	10.0~11.0	9.0~10.0

注:强夯法的有效加固深度应该从最初起夯面算起;单击夯击能 $E>12000$kN·m 时,强夯的有效加固深度应该通过试验确定。

除了总结修正系数外,通过能量守恒、工程实践和室内外各项试验结果建立了很多有代表性的经验公式,这些公式不仅考虑了夯击能、地下水、土的特性,还考虑了强夯施工过程中的影响因素,很有参考价值。

结合本工程地质情况及回填塘渣情况，对强夯施工进行如下参数设计：

(1)点夯能量：3000kJ(锤重 16.26t，落距 18.45m，直径 2.2m)。

(2)夯点间距：6m×6m。

(3)点夯遍数：2 遍点夯。

(4)夯击数：每点不少于 8 击，最后 2 击平均夯沉量不大于 5cm。

(5)间隔时间：每遍夯击的间歇时间参照超静孔隙水压力消散 80% 确定(按以往类似地质条件强夯施工经验，间隙时间暂按一周考虑)。

(6)普夯能量：1000kJ(锤重 15.96t，落距 6.27m，直径 2.5m)。

(7)普夯搭接：锤印搭接宽度不小于 1/3 锤径。

(8)普夯击数：普夯 1～2 遍，每遍 2 击。

(9)整平碾压：采用激振力为 200kN 的振动压路机碾压，直至无轮迹为止。

(10)经强夯加固后，地基承载力特征值不小于 120kPa；工后沉降量不大于 300mm；土基回弹模量大于 60MPa。

4)强夯施工

根据《建筑地基处理技术规范》(JGJ 79—2012)，在实施强夯法和强夯置换施工之前，必须在施工现场选择具有代表性的区域进行试夯或试验性施工。这一步骤至关重要，因为它不仅可以验证强夯法在特定地质条件下的适用性，而且可以据此调整强夯参数，以确保施工的技术可行性和经济合理性。此外，试夯还能够评估强夯振动对周边建筑物的潜在影响，为施工的安全性提供保障。

试夯的主要目的有以下几点：①能够确定强夯法在该区域地基的适用性，考虑到不同地理条件下地质的差异性，这一点尤为重要。②试夯为强夯参数的确定提供了试验基础，如夯锤质量、落距、夯击次数等，这些参数的调整需要依据试夯结果来进行。③试夯还能评估强夯振动对周边建筑物的影响范围和程度，这一点对于施工的环境保护和安全至关重要。

试夯的结果需要得到设计单位的认可，并在确定其适用性后，才能视为强夯方案的完成。此后，方可进行场区的强夯施工。在选择试夯区域时，应综合考虑地基的承载力特征值、变形模量、要求的影响深度以及场区的地质情况。如果存在可借鉴的同类型场区施工经验，且施工技术要求一般，试夯可以选择在工程区域作为最后工程夯的一部分。相反，如果没有先前的经验可循，地质情况复杂，或者施工技术要求高，则试夯应尽量在邻近区进行，以避免对预施工区域造成不必要的影响。在进行试夯时，应合理选择不同的强夯能级，避免在同一区域重复使用低能级夯锤，以确保施工的经济性、高效性和缩短施工周期。试夯区域的选择应具有代表性，同时避免选择有建筑物基础或地基技术要求高的地方。建议在道路或不重要的区域进行试夯。如果采用单个夯击能，最好选择两个以上的试夯区域，以获得最佳的夯击参数。

在强夯施工过程中，应选择底面为圆形并设有出气口的夯锤，这样的设计有助于提高夯击效率并减少土体的扰动。夯锤的质量应根据土质的不同调整在 10～60t 之间，并相应调整底面积,以适应不同的地质条件。施工前,需要对场地进行清理和平整,标出夯点并测量高程,为施工提供准确的基础数据。使用强夯车将夯锤放置到位后,开始进行夯击。在夯击过程中,要确保夯锤的垂直性,并记录夯击数据,这些数据对于后续的施工调整至关重要。如果遇到夯沉量过大导致提锤困难的情况,但周边土体未隆起,需要回填夯坑并继续夯击,以确保夯击效果。夯击完成后,需要重新测量高程,并按照设计要求进行间隔后继续夯击,直至满足设计要求。

在施工过程中,还需要注意保护场地内的管线设施,避免施工对这些设施造成损害。必要时,应设置隔振沟以减少对邻近建筑的影响。此外,在夯击前后应检查夯坑位置,确保无偏差或漏夯的情况发生,以保证施工的质量和效率。施工流程见图6.1-6。

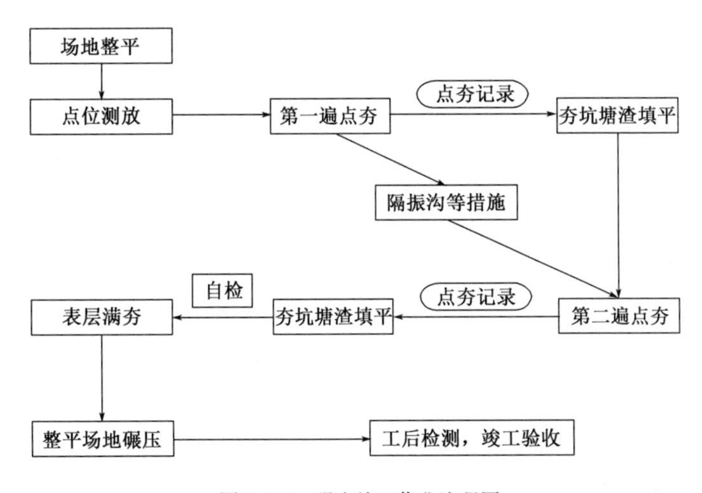

图6.1-6 强夯施工作业流程图

开夯前应根据现场情况考虑夯机进出场顺序,并根据夯机性能设计夯击施工路线,以提高施工效率。夯机行走路线为两排夯点的中心线,夯机每就位一次以夯击两点为宜。锤击方法采取退着夯的施工顺序。对于整个场地遵循从低向高的施工顺序。

在进行第一遍点夯施工前,场地的准备工作至关重要。首先,必须确保场地的平整度和表面硬度能够满足重型施工设备的行走要求,以保障施工安全。接着,需要复测场地的高程,以确保其满足设计起夯面高程的规范。在确认场地条件满足要求后,使用全站仪将施工图角点控制坐标精确地引测至施工场区内,这一步骤需经监理工程师核验无误。随后,根据施工图布置夯点,并使用白灰清晰地标出夯印,以便于施工时的准确定位。

强夯主机和夯锤就位时,要对夯锤的落距进行精确测量,并通过脱钩装置确保在夯击过程中落距保持恒定,这对于保证每击达到设计要求的单击夯击能量至关重要。同时,测量夯锤顶部面和地面的高程,计算锤顶面至自然地面的高度,这为后续计算每击的夯沉量和夯坑深度提供了必要的数据支持。

夯锤起吊至预定高度后,通过自动脱钩装置进行夯击。每次夯击后,都要测量夯锤顶部面的高程,并与夯锤就位时的顶部面高程相比较,从而得出夯沉量。这个过程需反复进行,直至最后两击的平均夯沉量达到设计和规范要求,方可停止夯击并进行移位。第一遍夯点的施工需按此步骤重复,直至所有夯点施工完毕。

进入第二遍点夯施工阶段,首先要推平第一遍夯坑并重新平整场地,然后再次根据施工图布置夯点,并用白灰标出夯印。重复第一遍点夯的施工步骤,包括夯锤的起吊、夯击、高程测量及夯沉量的计算,直至满足设计要求。

在完成第二遍点夯施工后,进行满夯施工。此时,使用推土机将第二遍夯点的夯坑回填,并确保场地平整,以满足强夯主机安全行走的条件。在满夯施工中,不再对每个夯点进行单独的布置和沉量测量,而是控制夯击数、夯锤落距以及夯印的搭接情况。满夯作为强夯质量控制的关键工序,即便在能级较小、施工看似简单的情况下,也必须严格控制,不能有任何松懈。

在整个强夯施工过程中,还应考虑施工对周围环境的影响,如检查施工场地内是否有管线等地下设施,并采取适当的保护措施。若施工可能对邻近建筑物造成影响,应设置隔振沟以减少振动传递。此外,施工过程中要定期确认夯锤的质量和自动脱钩装置的设置高度,确保夯击效果符合设计要求,并详细记录每个夯点的夯击次数和夯沉量等关键数据,以便进行施工质量的评估和控制。夯击完成后,还需检查夯坑的位置,确保没有偏差或漏夯,以保证施工的完整性和均匀性。

6.2 人工沙滩建设

6.2.1 工程背景及实施条件

近年来,海岸的综合开发价值日益受到重视,海岸防护与景观保护的标准要求也相应提高。海岸防护工程的种类繁多,各具特色。设计海岸防护工程方案时,应扬长避短,根据设计需求选择最适合的海岸工程措施组合。人工养滩和设置离岸潜堤由于不破坏近岸景观,常成为海岸防护措施的首选。这些措施能够有效地保护海岸线,同时保持自然景观的美观。海滩防护逐渐从线性防护向面防护发展,倡导“软硬”结合的综合防护措施,这种方法可以互补软体和硬体工程的优点。在具体操作中,离岸堤或潜堤可在外海处消减波浪能量,人工沙滩进一步消减波能,而缓坡式海堤则作为最后一道防线,有效抵御强浪,确保最佳海岸防护效果。离岸潜堤通过改变波浪的传播路径,减缓波浪的冲击力,从而减少对海岸线的侵蚀。人工沙滩通过一定方式补填沙石,增加沙滩的宽度和高度,从而增强其抗浪能力。对于因不同原因导致的侵蚀海岸问题,必须综合考虑海岸防护的多重需求。应根据不同防护措施的适用特点,结合景观效果、经济效益和成本因素,选择最适宜的海岸防护措施。表 6.2-1 列出了各种海岸防护措施的适用范围。总体而言,海岸防护工程不仅需要具备技术上的可行性,还应充分考虑生态环境的保护和可持续发展。综合防护措施能够在满足防护需求的同时,最大限度地维护海岸的自然生态和景观价值。通过科学合理的规划设计,可以实现海岸防护的长期效益。

综合海岸保护工程措施及其适用海岸 表6.2-1

整治模式	适用海岸
防波堤+海堤、护岸	湾状海岸
丁坝+疏浚	河口湾的稳定
丁坝+海堤、护岸	侵蚀趋势很强、纵向输沙为主的海岸
离岸堤+海堤、护岸	侵蚀趋势很强、横向输沙为主的海岸
潜堤+海堤、护岸+养滩	不破坏海岸景观
复断面海堤、护岸及缓坡斜坡堤护岸+海滩养护	水域有设施限制的海岸
海堤、护岸+海滩养护	休闲游憩需求高的海岸
离岸堤+海堤、护岸+海滩养护	休闲游憩需求高的海岸
潜堤+海堤、护岸+海滩养护	休闲游憩需求高的海岸
人工岬湾+海堤、护岸+海滩养护	休闲游憩需求高的海岸

本工程位于蓬莱西海岸旅游区人工岛和陆域岸线之间,即西庄至栾家口岸线区间。西庄至栾家口的近岸陆地地貌以剥蚀堤丘陵为主,且丘陵均较陡,地表残积物瘠薄,仅丘麓、丘间谷地有略厚的黄土状堆积物分布;海岸是以海蚀崖为主,同时具有小规模堆积地貌的结构特征。西庄至栾家口的近岸海底,最重要的地貌特征是登州水道和登州浅滩的存在。登州水道是海水进出渤海的主要通道之一,在地貌上为近东西向的槽状负地形,最大水深37m以上。登州浅滩位于登州水道的西南侧,范围大致以10m等深线为界,地形复杂,沙洲较多。工程建成后周围海域波浪、泥沙以及铺砂特性等因素相互影响,可能造成人工沙滩剖面的变形、侵蚀、失稳等。为了保证工程建设后人工沙滩剖面的稳定和减小滩沙的流失,采用断面物理模型测定设计方案中沙滩坡度在波浪作用下的冲刷对其滩面的影响,研究人工沙滩在波浪作用下的稳定性。

6.2.2 人工沙滩设计研究

海滩养护设计是一项旨在恢复和维持海滩自然形态与功能的重要工作,它涉及平面设计和剖面设计两个方面。在设计过程中,目标是使设计尽可能接近海滩的自然动态平衡状态,这样在抛沙后,沙滩能够更快地通过风浪的作用被塑造成稳定的状态。剖面设计是海滩养护设计中的关键组成部分,主要包括平衡剖面和补滩剖面设计。平衡剖面是根据平衡剖面函数计算确定的,代表了海滩在稳定状态下的剖面形态。平衡剖面是优良海滩剖面最终达到的形态,是海滩养护设计中的参考标准。补滩剖面是在进行工程施工时所依据的施工模板,包括滩肩的高程和宽度,以及一个或多个向海底坡的设计。补滩剖面是工程开展的具体根据,指导着施工过程中的每一个步骤。

在实际的补滩工程建设中,如果严格按照设计的平衡剖面进行施工,可能会面临实际操作的困难,并且从经济角度考虑也是不可行的。因此,实用的做法是按照设计的补滩剖面在近岸补沙,依靠波浪的自然作用来塑造补沙滩面,使其逐渐达到新的平衡状态。这种方法不仅更加经济实用,而且也能够确保海滩养护工程的效果,让补沙后的海滩能够更快地适应自然环境,形成稳定且美观的海滩景观。通过这种科学的设计和施工方法,海滩养护工程能够有效地恢复海滩的自然形态,提升海滩的生态功能和休闲价值。

1)平面设计

在人工沙滩工程中,岸线的形态多以原有沙滩的形态为根据对沙滩进行补沙加宽。对于造滩工程,岸线布设则要通过拟合自然稳定沙滩形态来设计。根据动力地貌学研究,海岸在自然状态下达到的稳定形态以曲线形态居多的。海岸稳定的平面形态有抛物线形、椭圆形、对数螺线形、双曲螺线形、“之”形曲线及突出海岸等多种描述模式。岸线布设越接近自然稳定形态,抛沙后沙滩的过渡期越短,反之亦然。静态平衡岸滩平面形状的概念可以应用到海滩养护工程岸线的设计中,岸线布设越接近自然稳定形态,抛沙后沙滩的过渡期越短。岸线形状要适应当地的波浪条件,符合静态平衡岸线的形态。通常以沿岸输沙状态来评估布设岸线的稳定性。在当地风浪变化不大的情况下,沿岸输沙量的大小取决于海岸线与波峰线的夹角,波峰线与岸线平行时泥沙只做横向运动,波峰线与岸线成45°角时沿岸输沙量达到最大。

2)剖面设计

戴志军等人通过研究中国南部海滩的平衡剖面结构将海滩平衡剖面分为三类:

(1)上凹型平衡剖面(U-BEP):滩肩高、岸滩剖面坡度陡。

(2)下凹型平衡剖面(D-BEP):无明显滩肩、岸滩剖面坡度缓。

(3)介于上述两者之间的中间型平衡剖面(M-BEP):滩肩宽度中等,平均水位以上剖面上凹,平均水位以下剖面下凹。

海滩遭遇风暴潮时会产生岸线侵蚀后退,被侵蚀的沙滩被带到破波带附近形成离岸沙丘。风暴潮过后,在涌浪和季节性波浪作用下,向岸输沙,沙丘向岸移动或者逐渐消失,海滩恢复,海滩剖面处于长期的动态平衡。海岸平衡剖面定义为近岸海区从水深等于盛行波1/2波长的深处,至暴风浪可达到的岸滩最高点之间,由粒径相同和比重相同的泥沙构成坡度均匀的海底,在波浪的作用下,其侵蚀和堆积处于相对平衡状态的海底剖面。

平衡剖面设计可以采用Bruun-Dean的模式,当然,国内外平衡模式有很多种,这里只作参考。Bruun和Dean指出波控近岸平衡剖面可表达为:

$$h = Ax^m \tag{6.2-1}$$

$$A = 0.067\omega^{0.44}$$

$$\omega = 14D^{1.1}$$

式中:h——当地水深(m);

x——离岸线距离(m);

A、m——经验拟合常数;

ω——沙粒沉降速度(cm/s);

D——沙粒的平均直径(mm)。

根据两种平衡条件:①单位水体积等能量衰减作用;②单位表面积等能量衰减作用。Dean 通过理论推导确定了常数 m 在第一种条件下为 2/3,在第二种条件下为 2/5。对美国东海岸和墨西哥湾 504 条近岸剖面做最佳拟合,确定以 2/3 作为平衡剖面的指数常值。这样设计的填沙剖面滩肩会比较平缓,而滩面部分具有上凹曲线形态。滩肩下方平衡剖面设计依据是波浪对岸滩横向作用。在泥沙横向输移分析中可知泥沙运动趋势决定于泥沙粒径、滩面坡度及波浪要素。基于自然条件的约束,通常泥沙粒径和滩面坡度作为沙滩剖面的设计参数。补滩剖面坡度参考范围见表 6.2-2。

补滩剖面坡度参考范围 表 6.2-2

填沙中值粒径 d_{50}(mm)	上坡坡度	下坡坡度
<0.2	1:20~1:15	1:35~1:20
0.2~0.5	1:15~1:10	1:20~1:15
>0.5	1:10~1:7.5	1:15~1:10

3)填沙稳定性

沙滩填沙后,由于波浪的横向搬运作用下分选、净化填沙,将细粒密度低的物质带到外海。因此,最佳的填砂粒径是与天然海滩中自然泥沙的粒径相同或者略粗略重的物质。这里引用美国陆军工兵部队《海岸防护手册》研究内容,选用以下经典数学模型进行填砂和海滩天然沙之间平均粒径和分选度的比较。

$$M_{\phi} = (\phi_{16} + \phi_{84})/2 \tag{6.2-2}$$

$$\sigma_{\phi} = (\phi_{16} - \phi_{84})/2 \tag{6.2-3}$$

式中:M_{ϕ}——平均粒径(mm);

ϕ_{16}——分布曲线中累积分布为 16% 时的最大颗粒的等效直径;

ϕ_{84}——分布曲线中累积分布为 84% 时的最大颗粒的等效直径;

σ_{ϕ}——分选度。

可能的情况包括:

①$M_{\Phi b} > M_{\Phi n}$和 $\sigma_{\Phi b} > \sigma_{\Phi n}$;②$M_{\Phi b} < M_{\Phi n}$和 $\sigma_{\Phi b} > \sigma_{\Phi n}$;③$M_{\Phi b} < M_{\Phi n}$和 $\sigma_{\Phi b} < \sigma_{\Phi n}$;④$M_{\Phi b} > M_{\Phi n}$和 $\sigma_{\Phi b} < \sigma_{\Phi n}$。式中,b 代表填砂;n 代表海滩天然砂,4 种可能性分别表示在图 6.2-1 相应的 4 个象限内。图中,$(M_{\Phi b} - M_{\Phi n})/\sigma_{\Phi n}$表示填砂和天然砂的分选情况,$R_A$为填补因素(或叫做超填率)。图 6.2-1 中一系列曲线的数值表示要保持 1m^3 海滩稳定所需填砂的情况。图 6.2-2为填砂侵蚀量与自然沙侵蚀量关系示意图;图中,R_J为再培养因素,表示填砂被侵蚀掉的数量和天然砂被侵蚀掉的数量的比例。结合沙滩修复实际情况可以算出 R_A、R_J的在下面两个图中所处的位置,这样就可以粗略判断出填筑沙在沙滩修复后的稳定情况。

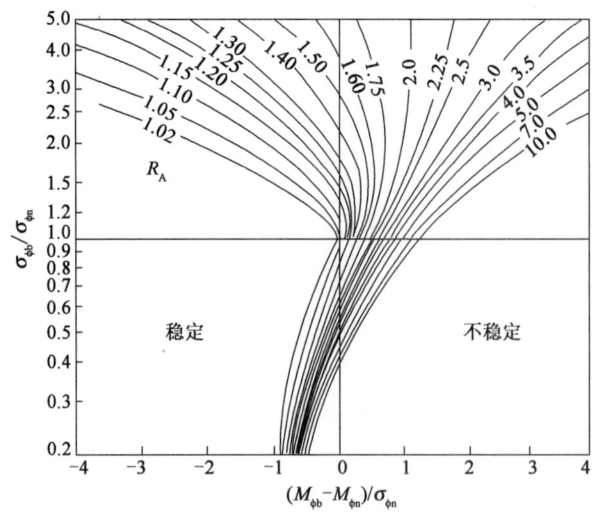

图 6.2-1　填砂与海滩自然沙相互关系图

注：图中曲线为需填砂数量与自然沙数量之比的等值。

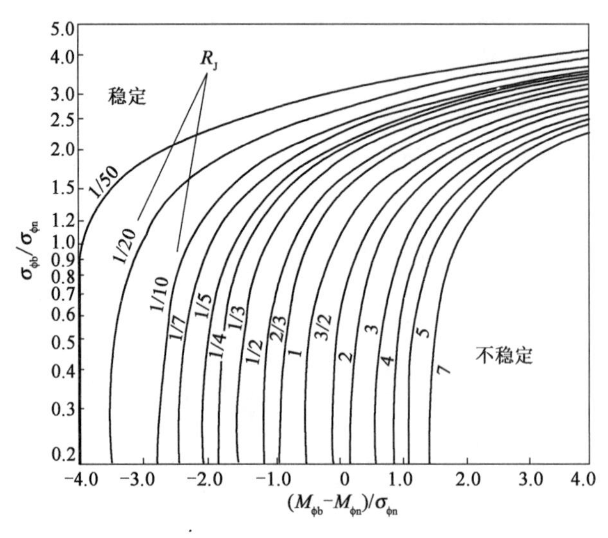

图 6.2-2　填砂侵蚀量与自然沙侵蚀量关系示意图

6.2.3　人工沙滩工程方案

1) *海滩养护流程*

海滩养护工程通常包括调查设计、抛沙重建和监测修补三个阶段。

(1)调查设计阶段。海滩养护之前，必须充分调查目标岸段，包括波浪、潮流的水文分析与计算、沉积物粒度分布、海滩泥沙运动、海岸与海底地形状况以及本地侵蚀速率等内容。一般还需进行模型计算和试验，初步设计可行的实施方案，预测滩肩宽度和高度，评估养滩效果、使用寿命、再补沙时间间隔以及对上下游海岸环境的可能影响。

(2)抛沙重建阶段。第 1 次抛沙量要充足，加高扩宽滩肩，将岸线向海推出数十米甚至百米以上,原则上应达到或大于海岸受侵蚀之前的海滩规模。国内外许多养滩工程经验表明,若首次补沙不足,往往造成连年补沙连年被侵蚀光的后果,导致养滩失败。

(3)监测修补阶段。抛沙重建后,岸线外推,滩坡变陡。重建后的新海滩仍处于波浪背景侵蚀和新海滩平衡剖面塑造的作用之下,导致重建海滩的侵蚀,所以重建后1~2年侵蚀率仍将大于重建之前,就应进行再补沙,可每年补沙1次或3~5年1次,按监测评估的结果而定。

海滩养护工程的3个阶段是相互依存、相互制约的,调查不够清楚,重建是盲目的,重建抛沙不足,修补也无济于事,若重建后不能定期及时修补,新海滩仍会遭受严重侵蚀。

2)养护规模

海滩养护工程规模可从几千立方米至几百立方米。Dean 认为海滩养护工程的寿命随工程区长度的平方和波高的负2.5次方而变化,因此人工补沙养滩的海岸段不宜太短,否则由于被加宽的海滩相对突出于其邻近的海滩,其两端易被波浪冲刷,并引起消散作用导致补沙流失。

3)补沙方案

在沙滩修复施工中,涉及填沙剖面的设计,抛沙位置要根据波浪动力与沙滩地形而定,同时也要兼顾项目的投资效果。通常抛沙后的沙滩需要几个月到几年的时间才能达到平衡稳定的状态,不同的抛沙方案也会产生不同的效果。目前国际上有四种抛沙方法:滩丘补沙、干滩补沙、剖面补沙及水下沙坝补沙(图6.2-3),这四种补沙方法各有特色。

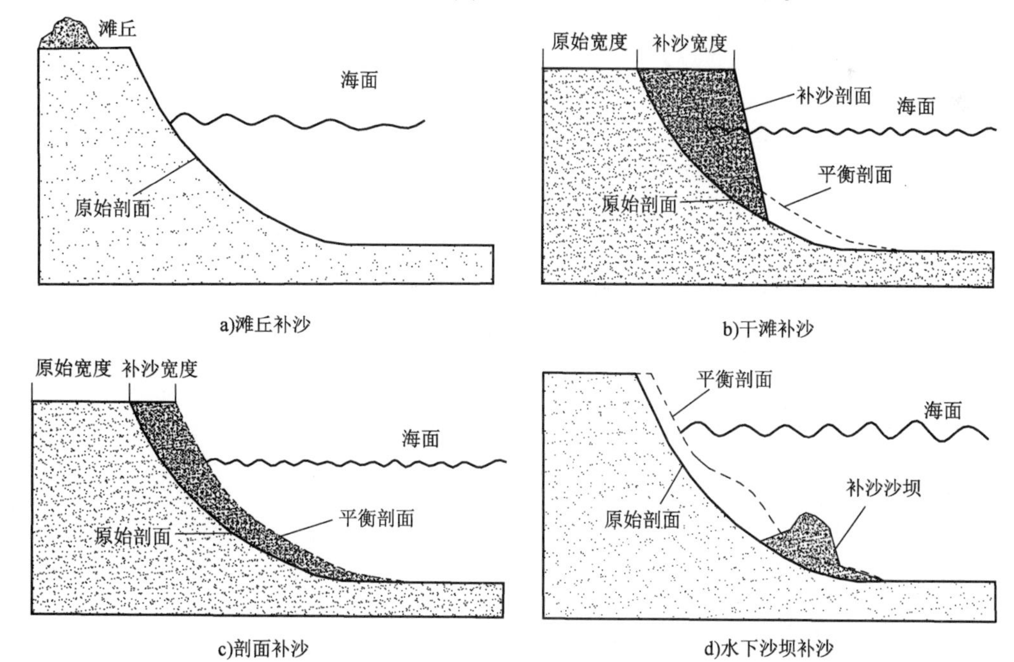

图6.2-3 抛沙方式示意图

滩丘补沙不直接增加干滩,能够阻挡风暴浪期间的沙越顶迁移,流失小、抛沙技术低,可作为沙滩“后备箱”补充干滩部分的流失。

干滩补沙增加干滩宽度,效果显著,抛沙技术中等,流失量较大,是目前使用较为频繁的抛沙方案。

剖面补沙直接以剖面的平衡形态来抛沙,短期效果显著,抛沙技术难以实现,且容易遭受破坏。

水下沙坝补沙,抛沙于近岸水下形成平行于海岸的若干条水下沙坝,短期效果不明显,容易实现,但多用于横向作用强于纵向作用的海岸。

根据设计研究,结合蓬莱西海岸水文、地质条件,采用潜堤+海堤、护岸+海滩养护方式开展人工沙滩建设工程。建设范围见图6.2-4,共计四条沙滩岸线。人工沙滩设计坡度为1∶15,该段设计长度约75m,人工沙滩坡顶处设计高度为+2.70m(护脚处的海床面为-8.0m)。人工沙滩采用滩砂的中值粒径0.25mm。

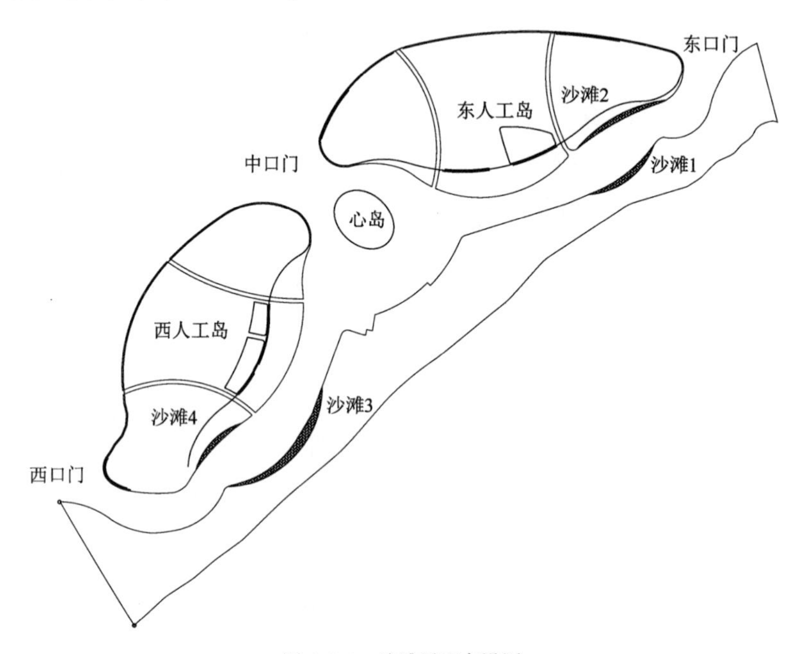

图6.2-4　沙滩平面布设图

6.2.4　模型试验

试验内容如下:人工沙滩在常年波浪作用下的剖面稳定情况;暴风浪作用下(取50年重现期)人工沙滩剖面稳定情况。

1)试验条件

(1)试验水位(当地理论最低潮面)。

①平均水位:+0.91m;

②极端高水位:+3.02m;

③设计高水位：+1.80m；

④设计低水位：+0.02m。

(2)波浪要素。

试验波浪要素包括常年代表波浪和50年一遇波浪，见表6.2-3。

沙滩剖面试验采用的波浪要素　　表6.2-3

重现期	底高程(m)	设计水位	$H_{1\%}$(m)	$H_{5\%}$(m)	$H_{13\%}$(m)	$\overline{H}$(m)	$\overline{T}$(s)	$\overline{L}$(m)
常年	-6.0	平均水位	0.53	0.42	0.35	0.22	4.3	28
50年	-6.0	极端高水位	1.28	1.04	0.87	0.55	6.9	56
50年	-6.0	设计高水位	1.25	1.03	0.86	0.55	6.9	54
50年	-6.0	设计低水位	1.21	1.00	0.84	0.53	6.9	48

(3)试验组次。

①常年波浪+平均水位(+0.91m)；

②重现期50年波浪+极端高水位(+3.02m)；

③重现期50年波浪+设计高水位(+1.80m)；

④重现期50年波浪+设计低水位(+0.02m)。

(4)沙滩工况。

沙滩工况见试验段剖面，参考补沙方案典型段面。根据经验公式估算不同水深的起动波高见表6.2-4。

滩砂起动波高　　表6.2-4

水深(m)	起动波高(m)	备注	水深(m)	起动波高(m)	备注
0.5	0.141	以重现期50年波浪对应波周期 $\overline{T}$=6.9s	0.5	0.123	以本区常年波浪对应波周期 $\overline{T}$=4.3s
1.0	0.227		1.0	0.202	
2.0	0.370		2.0	0.344	
5.0	0.738		5.0	0.819	
8.0	1.105		8.0	1.569	
10.0	1.370		10.0	2.386	
12.0	1.662		12.0	3.640	

2)模型设计及制作

(1)模型比尺。

确定模型的几何比尺为1:17.5，计算在1:17.5的几何比尺条件下，满足泥沙起动相似和泥沙沉降规律相似的模型沙中值粒径和模型沙重度，经反复试算，选取密度为1.4g/cm^3，中值粒径为0.027cm的聚甲醛为模型沙，各种模型比尺见表6.2-5。从各种模型比尺的计算结果看，该模型沙基本上兼顾了泥沙的起动和沉降相似，可以用来模拟原型沙滩在波浪作用下的冲淤变形。

模型比尺表　　表6.2-5

比尺		计算值	采用值
几何比尺	$\lambda_l = \lambda_h = \lambda$	17.5	17.5
波长、波高、水深比尺	$\lambda_H = \lambda_L = \lambda_D$	17.5	17.5
波速、波浪周期比尺	$\lambda_c = \lambda_T$	4.18	4.18
泥沙粒径比尺（沉降速度控制）	λ_{d50}	1.01	0.93
沉降速度比尺（冲淤相似控制）	λ_{ω_s}	4.18	3.54
作用时间比尺	λ_t	4.18	4.18

（2）模型制作。

模型模拟了护脚至护岸之间的试验区，模型布置见图6.2-5。模型采用断面法进行制作，平面尺寸及高程按几何相似原则制作。试验制作了整个动床沙滩断面，模型砂为聚甲醛制作而成的滩砂。护岸和护脚结构按设计图纸进行制作，护面块体和堤心石质量误差控制在5%以内，几何尺寸偏差控制在±1%以内且不超过±5mm，防波堤和护岸高程用水准仪控制，偏差在±1mm以内。

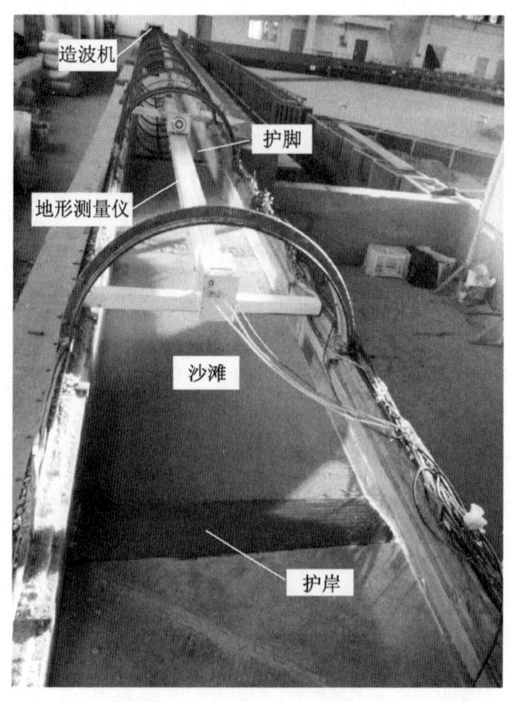

图6.2-5　模型布置照片

模型为动床模型,模型制作时先按照设计图纸和试验比尺摆放护岸和护脚,最后铺设模型砂。水槽两侧为光滑玻璃面,对波浪的影响可以忽略。模型制作过程见图6.2-6。

图6.2-6 模型制作

(3)仪器设备。

试验研究在交通行业重点泥沙试验室的水槽内进行。试验水槽长68m、宽1.0m、高1.2m。具有不规则造波机及配套控制、测试系统,具备进行波浪作用下的泥沙模型试验工作。

造波机为电机伺服驱动推板吸收式造波机,可以产生规则波与不规则波。该设备由生波机械、电伺服控制系统、计算机和无反射模块组成(图6.2-7)。造波试验时,由计算机根据输入的造波参数计算出目标波浪的板前波浪信号,并按一定算法将其转换成相当于造波板运动速度和位置的数据,输入到D/A转换器中,D/A转换器将数字量信号转换为伺服驱动器所需要的模拟电压信号,由伺服驱动器输出脉冲信号控制伺服电机的转速和转动的角度,通过滚珠丝杠副驱动直线运动单元带动推波板在水中按照预定的运动规律运动,从而实现所期望的波浪。伺服驱动器直接对电机编码器反馈信号进行采样,内部构成速度闭环控制以提高控制精度与运动速度的稳定性,避免电机丢步现象。同时,控制采集卡接收电机编码器的反馈信号,实时跟踪造波板的运动位置,外部构成位置闭环以提高推波板的定位精度。用波高传感器实时采集造波板前的波浪信号,并输入到计算机中与目标波浪相比较,以提取(分离)反射波信号,并将该信号以反相形式加到控制信号中去,使造波板的运动附加一个可消除二次反射波的位移运动,实现了可吸收二次反射波的造波功能。水槽两端均设有消波装置,同时水槽侧面设有连通管,以使造波过程中模型两侧的水位保持不变。

模型高程用水准仪控制,长度用钢尺测量,波高采用波高传感器,并通过SG2000型动态水位测量系统(图6.2-8)对波高进行采集分析。测波系统为电容式波高(液位)传感器测波,传感器与放大器为一体式结构,输出-5V~+5V电压,由屏蔽电缆送往多路开关,在计算机控制下,按一定的时序进入A/D转换器。转换后的数据由微机自动处理。系统对传感器进行温度修正,仪器精度为1.0mm。

图6.2-7　波浪试验水槽及造波机

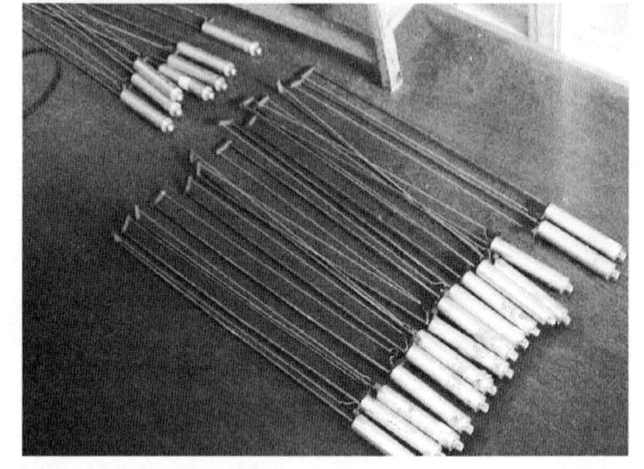

图6.2-8　SG2000型波高采集系统

地形测量采用三维测量系统,其主要仪器为地形仪。地形仪用来测量不同时间段内的地形变化,为模型验证和模型试验提供基础数据。地形仪由控制系统、测量系统和后处理系统组成,其中的测量系统的核心是由异步电机和激光测距仪组成,测量地形的精度为0.1mm。地形仪测量及控制系统见图6.2-9。

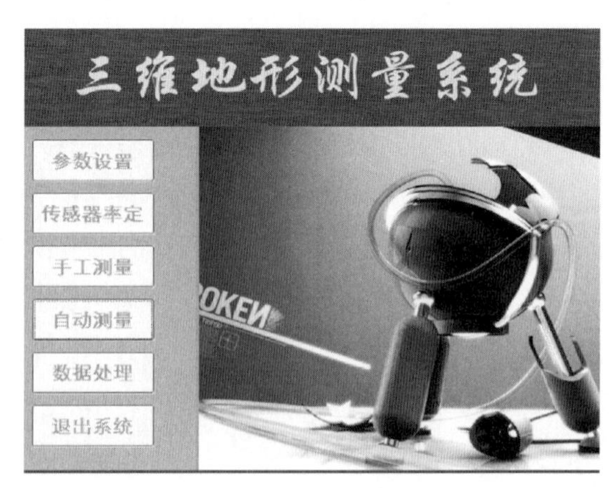

图6.2-9　地形仪测量及控制系统

3)试验结果与分析

试验过程中测定了沙滩剖面在波浪作用下随时间的变化情况,统计最大冲刷和淤积深度,并最终得到沙滩的平衡剖面。人工沙滩断面的设计坡度为1∶15,模型试验比尺为1∶17.5,波浪的作用时间比尺为1∶4.183。从试验结果可知,人工沙滩在不同的工况下达到平衡所需的时间不同,最长时间为4.5h,相当于原体的作用时间约为19h。模型布置情况见图6.2-10。

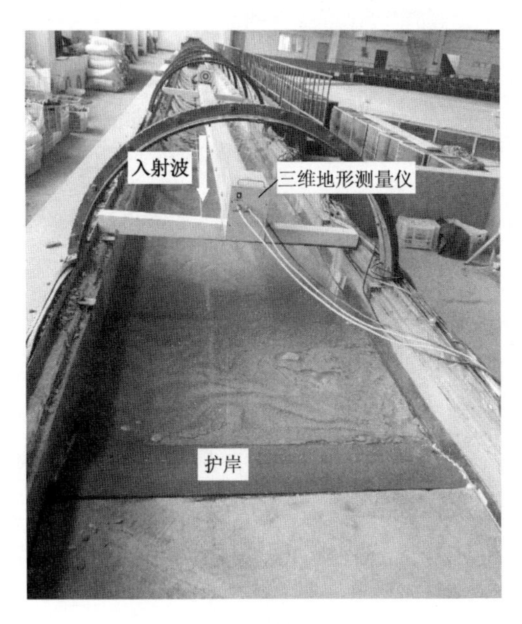

图6.2-10 模型照片

在整个波浪的传播过程中,泥沙运动主要集中在波浪破碎带内。破碎带内水体紊动较强,将滩沙裹挟在水体内,滩沙随着破波水体向上爬升,一部分留在爬升的过程中,一部分滩沙随回流的水体回到破碎带附近。停留在爬升阶段的滩沙逐渐形成滩肩,形成淤积体;而破碎带附近的泥沙由于没有足够的沙源,出现了冲刷。淤积体的高度和冲刷的深度因波浪要素的不同而不同;淤积的位置和冲刷的部位因水位的不同而不同。总的规律为波浪越大,冲刷深度越深,淤积体高度越高。

(1) +3.02m水位剖面稳定性试验结果。

+3.02m极端高水位时,50年一遇波浪作用下,沙滩的主要变形区域位于水陆交界线附近。在试验的开始阶段,沙滩变形速度较快,随着时间推移,沙滩形状与波浪动力逐渐相互适应,沙滩变形速度逐渐变慢并最终达到平衡。沙滩断面随时间变化的过程见图6.2-11,沙滩的冲刷深度和淤积情况见图6.2-12。

从模型试验结果可以看出,沙滩剖面在波浪作用下前3h(模型值,以下未作说明处均为模型值)变化较快,至3.5h左右沙滩剖面变化速度明显放缓,4.5h后一般趋于平衡状态,相当于原型在波浪连续作用下约19h。

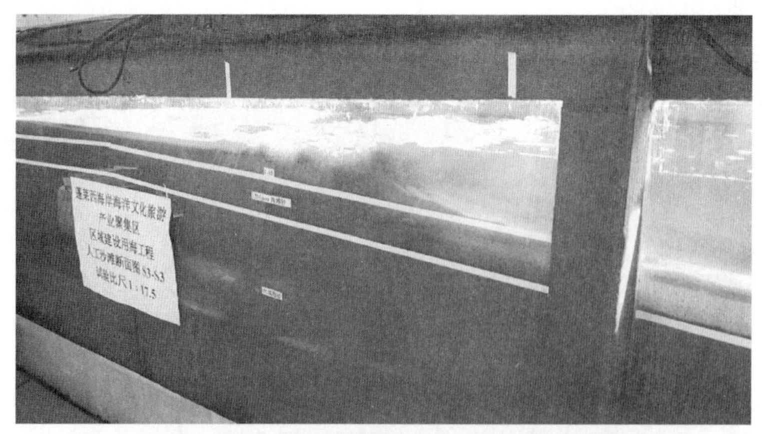

a)淤积过程

b)冲刷过程

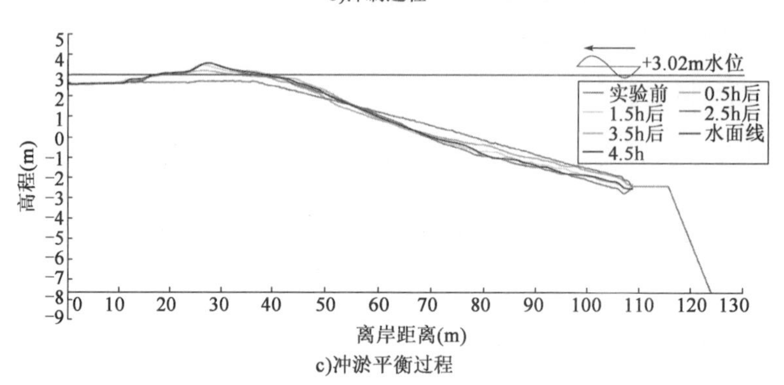

c)冲淤平衡过程

图 6.2-11　沙滩剖面冲淤平衡过程(+3.02m 水位,50 年,$H_{13\%}$ =0.87m,$\overline{T}$=6.9s)

+3.02m 极端高水位(50 年重现期,$H_{13\%}$ =0.87m,$\overline{T}$=6.9s)时,人工沙滩最大的冲刷深度约 0.91m,淤积厚度约为 0.78m。

(2) +1.80m 水位剖面稳定性试验结果。

+1.80m 设计高水位时,50 年一遇波浪作用下,沙滩断面的变形情况与 +3.02m 水位时的变化情况相似,只是沙滩变形的位置有所不同。沙滩断面随时间变化的过程见图 6.2-13,沙滩的冲刷深度和淤积情况见图 6.2-14。

a)淤积部位

b)冲刷部位

图 6.2-12 冲淤部位(+3.02m 水位,50 年,$H_{13\%}$ =0.87m,$\overline{T}$=6.9s)

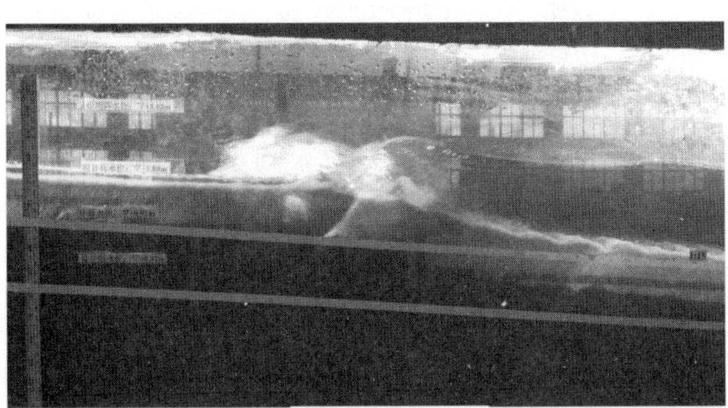

a)淤积过程

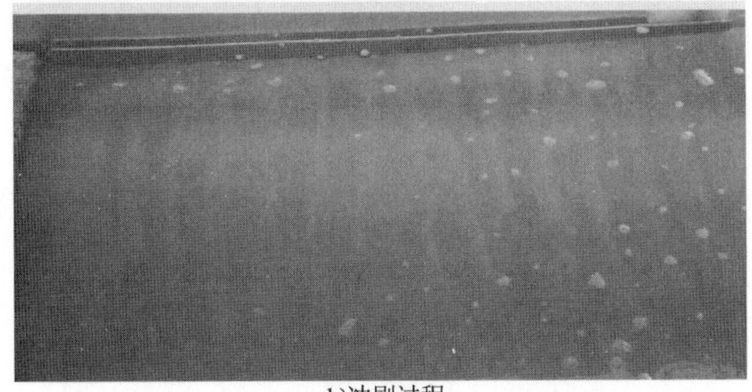

b)冲刷过程

图 6.2-13

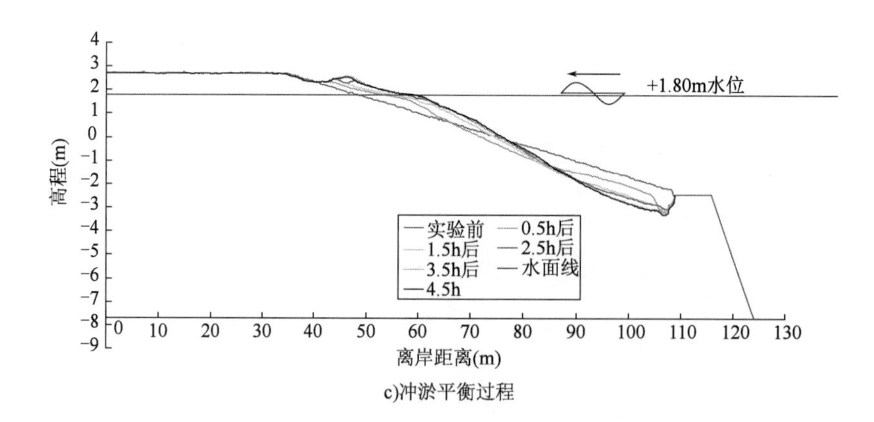

c)冲淤平衡过程

图 6.2-13　沙滩剖面冲淤平衡过程(+1.80m 水位,50 年,$H_{13\%}$ =0.86m,$\overline{T}$=6.9s)

a)淤积部位

b)冲刷部位

图 6.2-14　冲淤部位(+1.80m 水位,50 年,$H_{13\%}$ =0.86m,$\overline{T}$=6.9s)

+1.80m 设计高水位时,50 年重现期波浪作用下($H_{13\%}$ =0.86s,$\overline{T}$=6.9s),人工沙滩最大的冲刷深度约 0.77m,淤积厚度约为 1.06m。

(3) +0.02m 水位剖面稳定性试验结果。

+0.02m 设计低水位时,50 年一遇波浪作用下,沙滩断面随时间变化的过程见图 6.2-15,沙滩的冲刷深度和淤积情况见图 6.2-16。

+0.02m 设计低水位,50 年重现期($H_{13\%}$ =0.84m,$\overline{T}$=6.9s)波浪作用下,人工沙滩最大的冲刷深度约 0.26m,淤积厚度约为 0.87m。

a)淤积过程

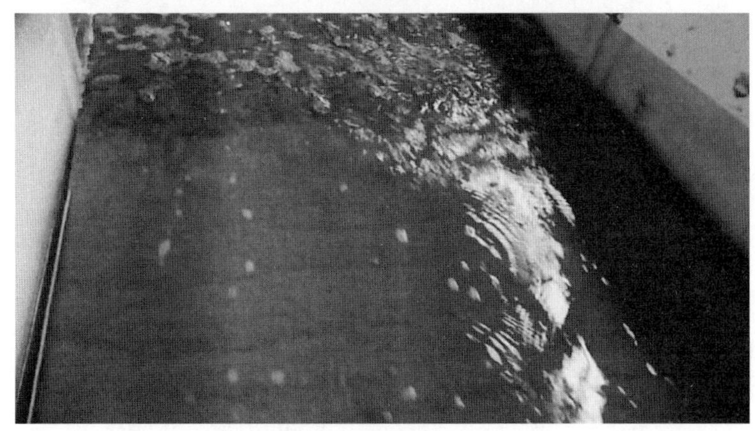

b)冲刷过程

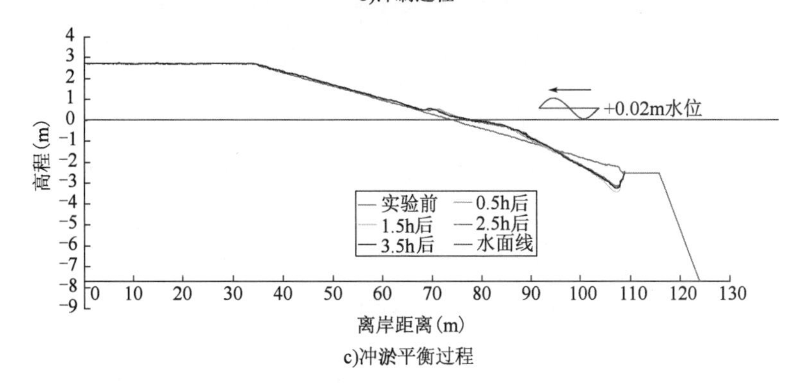

c)冲淤平衡过程

图 6.2-15 沙滩剖面冲淤平衡过程(+0.02m 水位,常年,$H_{13\%}$ =0.86m,$\overline{T}$=6.9s)

(4) +0.91m 水位剖面稳定性试验结果。

+0.91m 平均水位时,常年波浪作用下沙滩的变形幅度相对 50 年一遇波浪作用下的变形幅度要小很多,并且在模型波浪作用 3.5h 后基本达到平衡。沙滩断面随时间变化的过程见图 6.2-17,沙滩的冲刷深度和淤积情况见图 6.2-18。

a)淤积部位

b)冲刷部位

图 6.2-16　冲淤部位(+0.02m 水位;50 年,$H_{13\%}$ =0.84m,$\overline{T}$=6.9s)

a)淤积过程

b)冲刷过程

图　6.2-17

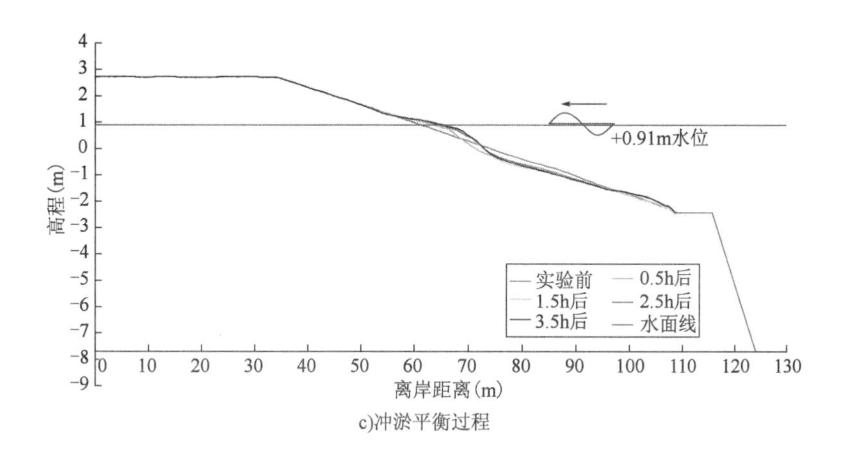

c)冲淤平衡过程

图6.2-17 沙滩剖面冲淤平衡过程(+0.91m水位,常年,$H_{13\%}=0.35m,\overline{T}=4.3s$)

a)淤积部位

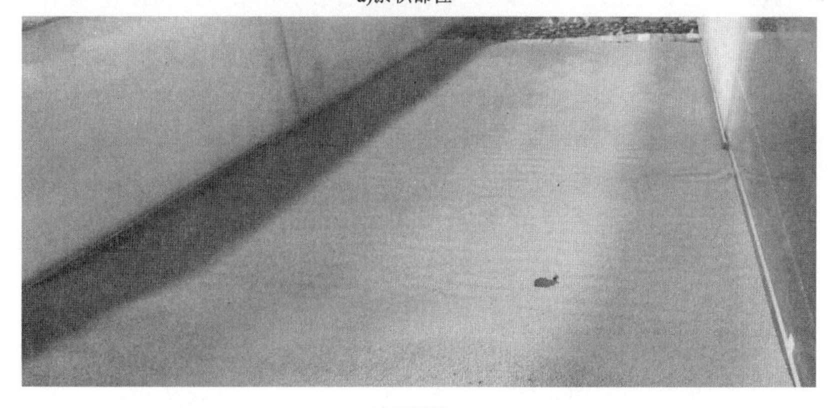

b)冲刷部位

图6.2-18 冲淤部位(+0.91m水位,常年,$H_{13\%}=0.35m;\overline{T}=4.3s$)

+0.91m平均水位时,常年波浪($H_{13\%}=0.35s,\overline{T}=4.3s$)作用下,人工沙滩最大的冲刷深度约0.34m,淤积厚度约为0.27m。

(5)结果分析。

将不同水位和波浪作用下的人工沙滩的淤积和冲刷情况进行统计,结果见表6.2-6。

沙滩稳定性试验结果　　表6.2-6

重现期(年)	设计水位	$H_{13\%}$(m)	$\overline{T}$(s)	淤积高度(m)	冲刷深度(m)
常年	平均水位	0.35	4.3	0.34	0.27
50年	极端高水位	0.87	6.9	0.91	0.78
	设计高水位	0.86	6.9	0.77	1.06
	设计低水位	0.84	6.9	0.26	0.87

通过分析试验结果可知,沙滩剖面出现冲刷的主要部位一般位于水面线以下的波浪破碎带内;淤积部位主要为略高于水面线附近的沙滩上。

+3.02m水位时,水位超过了沙滩的平直段的高程,在50年一遇波浪作用下,沙滩在距护岸约10m(原体值)处开始出现淤积,冲刷仍发生在水面以下的波浪破碎带内,分布于坡度为1∶15的沙滩段,最大的冲刷深度和淤积高度分别为0.78m和0.91m;+1.80m水位时,水面线位于坡度为1∶15沙滩段,在50年一遇波浪作用下,沙滩的淤积体接近沙滩平直段,淤积体顶点高程接近+2.7m,最大的冲刷深度和淤积高度分别为1.06m和0.77m;平均水位+0.91m时,常年波浪的波高和周期相对较小,泥沙活动的范围主要分布于坡度为1∶15的浅水沙滩段,最大的冲刷深度和淤积高度分别为0.27m和0.34m;+0.02m水位时,50年一遇波浪下,沙滩的冲刷部位主要集中在沙滩与充填沙袋的交界处,该部位属于"软硬交接"的地方,部分被冲刷到护底下方的滩沙无法在波浪动力下回到原来的位置,造成冲刷深度相对较深,最大的冲刷深度和淤积高度分别为0.87m和0.26m。

对比+0.91m水位时常年波浪下沙滩的冲淤变形和50年一遇波浪作用下的沙滩变形可知,随着波浪和破波水深的增大以及破碎波浪上冲力的增加,50年一遇波浪作用下沙滩的冲刷和淤积的范围相对扩大,淤积的部位向上延伸,冲刷部位向下延伸。但是+0.02m水位时,50年一遇波浪作用下的沙滩淤积高度小于平均水位时常年波浪作用下的沙滩淤积高度,分析其原因主要是因为在+0.02m水位时,冲刷部位处于沙滩与充填沙袋的交界处,部分滩沙滚落到了护底下方,无法恢复到原来的位置,造成淤积体的沙源不足,所以最后形成+0.02m水位时冲刷深度较深但是淤积体的高度较低。

综合分析试验结果可知,在不同水位和波浪作用下人工沙滩冲淤变形各有不同,除了在+0.02m水位时,50年一遇波浪作用下有部分滩沙滚落到护底下方,其他工况均没有滩沙的流失,总体而言人工沙滩将在不同水位和波浪作用下处于一个动态的平衡过程,滩沙流失量十分有限。

图6.2-19～图6.2-22为试验过程图片。

图 6.2-19 模型试验

图 6.2-20 地形测量

图 6.2-21 波浪作用后的沙滩剖面

图 6.2-22 波浪作用后的沙滩

7 人工岛建设质量检测与评估技术

蓬莱西海岸海洋文化旅游产业聚集区是山东省集中用海区域中的重点项目之一，起点定位高，投资规模大，发展前景好，它的完工将使蓬莱成为具有国际先进水平的海洋经济改革发展示范区和我国东部沿海地区重要经济增长点，为海洋经济集聚发展创造范例。人工岛是旅游区重要旅游载体，其功能质量对旅游产业聚集区至关重要。为此，需要对人工岛关键基础设施进行必要的检测与监测。

7.1 岛壁质量检测

人工岛岛壁是人工岛重要的防线，岛壁涉水工程的安全性和稳定性越来越受关注。一般包括水上和水下结构，水下结构由于长期受海洋潮流、泥沙、波浪的冲刷和腐蚀，以及船舶的碰撞等多种复杂载荷的叠加影响，容易产生结构断裂、破损、变形等现象，但水下结构的隐蔽性导致日常维护中难以发现这些细微的破损变形，进而破损情况逐级严重，影响人工岛的安全运营；同时，水上结构的稳定性及发展趋势也对水下结构的安全带来影响，所以对防波堤水上水下结构进行检测对港口的安全平稳运行至关重要。

本工程中人工岛岛壁主要形式为扭王字块护底的斜坡堤和直立护岸。对岛壁的检测内容一般包含：对海侧护岸断面结构宽度和高度进行比对，对实测海侧护岸的当前状态进行评估；对海侧护岸水上扭王字块密度、海侧护岸宽度、护底块石高程、海侧护岸外观进行检测；定性描述表示对应断面存在的缺陷；防浪墙胸墙顶高程。按照《水运工程质量检验标准》(JTS 257—2008)的相关规定和设计图纸对海侧护岸的检测结果分断面进行分析评估。

7.1.1 姿态检测

水上工程检测主要采用 GNSS-RTK(全球卫星导航系统-实时动态定位技术)、无人机遥感技术、三维激光扫描仪等，水下隐蔽工程结构检测常用的设备和技术有无人遥控潜水器、多波束测深系统、水下三维声呐成像系统等。

多波束测深系统具有全覆盖和高分辨率扫测的特点，系统发射换能器通过声波发射宽覆盖的脉冲条带，接收换能器以密集排列的窄波束定向接收，在与航迹垂直面上形成高分辨率数据。

英国Coda公司研发的C500三维声呐系统是一种先进的水下成像技术，它通过集成的扫描声呐头和云台，实现了对水下目标的高精度三维成像。这种紧凑型低重量的设计，不仅便于携带和部署，而且可以灵活地安装在三脚架或无人遥控潜水器（ROV）上，使其适用于各种水下环境和作业条件。C500系统的最小分辨率达到1.5cm，这在水下成像领域是一个非常高的精度水平，确保了图像的清晰度和细节表现。同时，系统的最优扫描距离为1～20m，这为水下结构的检测和分析提供了一个合理的操作范围，既可以进行近距离的精细扫描，也可以对较大范围的区域进行快速成像。C500系统一个特别值得强调的优势是能够在低能见度甚至零能见度的条件下工作，这对于水下环境的探索和监测尤为重要。此外，C500系统能够与传统的陆地激光扫描系统数据无缝集成，这为水下与陆地数据的整合和分析提供了极大的便利，有助于实现更全面的工程评估和决策支持。全景声呐成像系统的设计允许它在垂直方向上实现130°的大范围扫测，而在水平方向上则可以实现360°的全景扫描。这种全方位的扫描能力，使得系统能够直接获取水下目标表面的水平（X）、垂直（Y）和高度（Z）数据，为三维建模和数据分析提供了丰富的原始数据。在数据处理方面，C500系统通过声呐头发射固定频率的声波，并接收经过目标物反射回来的声波。系统根据声波的反向散射获得声波传播时间（t）和回波强度值，然后结合输入的声速值计算出距离（L）。此外，云台控制系统能够实时获取波束的横向角度观测值（α）和纵向角度观测值（θ），这些角度数据对于精确定位和三维重建至关重要。

机载激光雷达（LiDAR）具有高精度、高效率、高密度、非接触及全天候工作的优点，突破了传统测绘仪器的局限。机载激光雷达系统集成了GPS、惯导系统、激光扫描仪、数码相机等成像设备，其中主动传感系统可以根据返回的脉冲式窄红外激光束获得地形地物的距离、坡度坡向、反射率等高分辨率信息，被动光电成像系统可以实时获取地形地物的高分辨率数字成像数据，经过内业数据处理生成地面采样点三维坐标信息。

本工程施工设计图中要求护面结构扭王字块体采用定点随机安放，块体在斜面上斜向放置，并使块体的一半与垫层接触，但相邻块体的摆放不宜相同。根据《水运工程质量检验标准》（JTS 257—2008）中第5.5.3节护面块体安放的规定指出，扭王字块安放方式应满足设计要求，定点定量不规则安放时，不得有漏放和过大隆起，扭王字块安放数量偏差应控制在5%以内。

依据蓬莱西海岸接岸陆域和人工岛的海侧护岸设计断面分布情况绘制断面分布图（图7.1-1），其中西岛海侧护岸可分为12个断面，中心岛海侧护岸分为2个断面，东岛海侧护岸分为15个断面，接岸陆域海侧护岸分为8个断面。根据实测断面与设计断面的对比（图7.1-2），判断挡浪墙、护底块石区域各项指标与设计的差异。

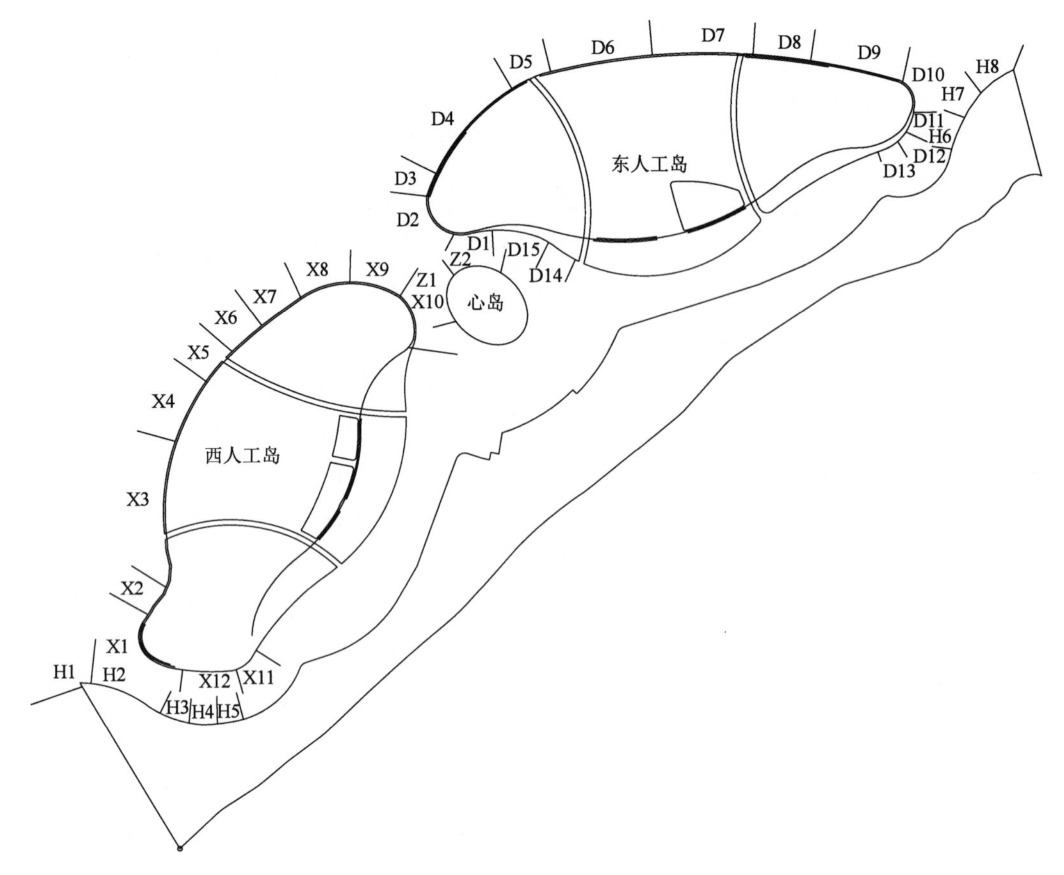

图 7.1-1　检测断面布设

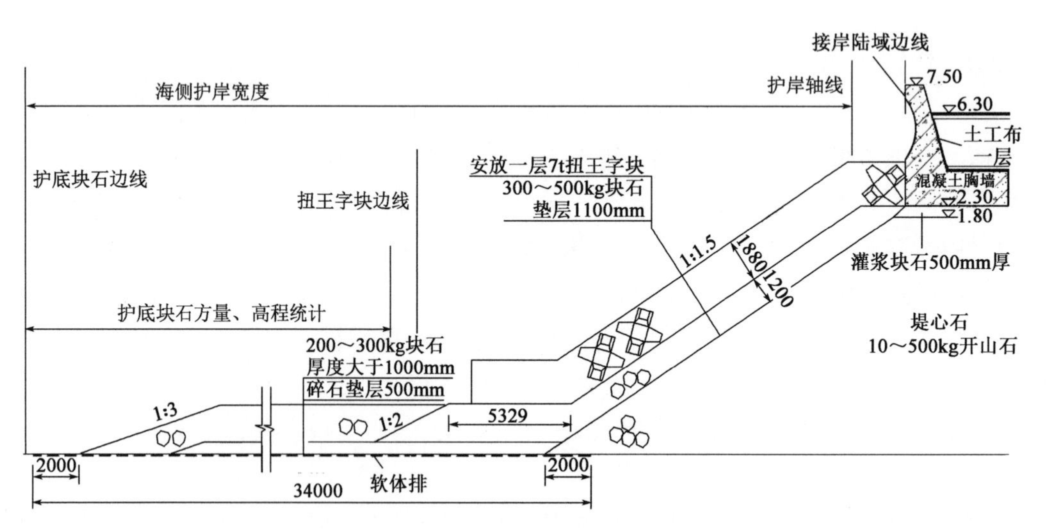

图 7.1-2　典型断面图(尺寸单位:mm)

在水上调查中发现如下问题:无人机航测每个断面随机抽选 100m 长度的海侧护岸统计扭王字块数量,并根据统计区域的宽度按照设计断面形状计算扭王字块摆放区域的面积,通过扭王字块数量除以设计摆放面积计算得到扭王字块的摆放密度。根据检测结果按照断面计数统计得到扭王字块的摆放密度在 25.29 ~ 34.62 块/100m² 之间,扭王字块摆放密度不满足设计要求的断面占断面总数的 86.8% 。对海侧护岸扭王字块的无人机航摄检测结果中偶见扭王字块有不同程度的破损,具体表现为蜂窝、麻面、脱皮、裂纹、少量破损、断裂等情况。根据海侧护岸设计资料,扭王字块应紧贴胸墙摆放,现场检测共发现 133 处扭王字块与胸墙之间存在间隙,最大间隙宽度 1.1m。西岛、东岛 H1—H10 断面、接岸陆域 H1—H5 断面的海侧护岸挡浪墙顶高程抽检结果低于设计值。

海侧护岸水下部分检测过程中发现的问题:海侧护岸水下部分扭王字块为不规则摆放,摆放密度相差较大。通过分析三维声呐检测数据,海侧护岸水下部分共发现 31 处缺少扭王字块,已探明的最大缺失长度为 25m,位于接岸陆域 K1 +446 处;海侧护岸的护底块石区域地形起伏变化较大,从多波束伪彩图中能够看到条带状隆起,按照设计断面的护底块石顶高程为标准,实测高程未达到设计顶高程,认为高程不满足设计要求。本次检测成果中海侧护岸护底块石 77% 区域的护底块石高程现状不满足设计要求;根据设计图纸的原泥面高程检测海侧护岸的外边界得到海侧护岸的宽度,若海侧护岸的宽度小于设计宽度,则认为海侧护岸宽度不足。统计得到海侧护岸宽度不足的区域约占海侧护岸的 35% 。

7.1.2 结构检测

本工程中岛壁作为水运结构设施,应按相关规范法则开展必要检测工作,以确保工程的安全性和耐久性。本工程中需要开展的检测指标包括扭王字块强度检测、扭王字块碳化深度检测、扭王字块及胸墙抗冻性检测、扭王字块及胸墙抗氯离子渗透性检测、块石垫层核查检测。

1)扭王字块强度检测

混凝土强度是混凝土质量检验和验收的重要指标。为了确保混凝土达到设计要求的荷载强度,必须对混凝土实体结构进行强度检测。根据《水运工程质量检验标准》(JTS 257—2008)第 1.4.0.2 条的规定,每 2000m 划分一个检验单元。本工程的护岸总共划分为 6 个检验单元,包括接岸陆域 1 个单元、人工岛西岛 2 个单元、心岛 1 个单元和东岛 2 个单元。在每个检验单元中,随机抽取一个断面进行检测,每个断面再随机选取 3 个扭王字块构件进行混凝土强度检测,总计抽取 18 块扭王字块构件。

依据《回弹法检测混凝土抗压强度技术规程》(JGJ/T 23—2011)第 4.1.4 条的要求,每个样本不应少于 5 个测区。对扭王字块进行回弹法检测,共设置 90 个测区,并根据该规程附录 B 的规定,查表得到样本混凝土强度推定值。

根据《水运工程混凝土结构实体检测技术规程》(JTS 239—2015)第 5.4.5 条,每个样本至少需钻取 1 组芯样试件,对于 ϕ100mm × 100mm 的芯样,每组数量为 1 个。共钻取 18 个扭王字块芯样,并按照该规程附录 F 的步骤进行钻取。对回弹不合格的芯样,根据《水运工程混凝土试验检测技术规范》(JTS/T 236—2019)进行抗压强度试验,最终依据《水运工程混凝土结构实体检测技术规程》(JTS 239—2015)附录 G 对混凝土强度进行综合评定。

检测结果表明,回弹法所测扭王字块混凝土中39%的混凝土强度不能满足设计强度等级C30的要求,其余回弹法抽检扭王字块混凝土强度均满足设计强度等级C30的要求。

2)扭王字块碳化深度检测

为了防止混凝土碳化对结构的危害,需要对混凝土实体进行碳化深度检测。依据《水运工程质量验收标准》(JTS 257—2008)第1.4.0.2条,每2000m划分一个检验单元,共划分6个单元。每个单元随机抽取一个断面,每个断面随机选取3个扭王字块进行检测。

依据《水运工程混凝土结构实体检测技术规程》(JTS 239—2015)第5.2.9条的要求,对所抽检的构件进行碳化深度检测,每个检测构件不少于3个测区,测区总数为54个。

检测结果表明,本工程的扭王字块混凝土碳化深度为5.0~6.0mm,依据《水运工程混凝土结构实体检测技术规程》(JTS 239—2015)第5.2.11条"当混凝土的碳化深度大于或等于1.0mm时应做碳化修正",本工程现状混凝土碳化深度大于1.0mm,判定所抽检的扭王字块的混凝土已有碳化。

3)扭王字块及胸墙抗冻性检测

《水运工程质量检验标准》(JTS 257—2008)附录C规定,每个抗冻等级不少于3组。根据该标准第1.4.0.2条的规定,每2000m划分一个检验单元,共划分6个单元。每个单元随机抽取一个断面,每个断面抽取1块扭王字块芯样和1块胸墙芯样,共12组。根据《水运工程混凝土结构实体检测技术规程》(JTS 239—2015)的规定进行冻融试验。

检测结果显示,所抽检的现状扭王字块中冻融循环试验失重率最大达到5.68%,相对动弹模量减至71.3%,混凝土抗冻性能不满足设计要求,现状抽检的扭王字块混凝土抗冻性能不合格率为33.3%;抽检的胸墙混凝土抗冻性能满足设计要求。

4)扭王字块及胸墙抗氯离子渗透性检测

《水运工程质量验收标准》(JTS 257—2008)附录C规定,每个抗渗等级不少于3组。根据该标准第1.4.0.2条的规定,每2000m划分一个检验单元,共划分6个单元。每个单元随机抽取一个断面,每个断面抽取1块扭王字块芯样和1块胸墙芯样,共12组。依据《水运工程混凝土结构实体检测技术规程》(JTS 239—2015)第6.3节和附录H的规定,进行取样和抗氯离子渗透性能试验,测定混凝土芯样的电通量,确定混凝土的抗氯离子渗透性能。

检测结果表明,所测扭王字块的混凝土的电通量均不大于2000C,满足《水运工程混凝土质量控制标准》(JTS 202-2—2011)第3.3.11条海港工程浪溅区采用普通混凝土时,其抗氯离子渗透性指标不应大于2000C的规定,由此判定所测扭王字块和胸墙的混凝土抗氯离子渗透性能符合规范要求。

5)块石垫层核查检测

依据《防波堤与护岸设计规范》(JTS 154—2018)的规定,外护面块石垫层的质量应为确定块体质量的1/10到1/20。本工程选用的块体质量为6t的扭王字块,设计图纸规定块石质量为300~500kg,断面坡比为0.67(即1:1.5)。

依据《水运工程质量验收标准》(JTS 257—2008)第1.4.0.2条,每1000m划分一个检验单元,共划分11个单元(图7.1-3)。每个单元抽取一个断面进行核查检测,共完成10个断面的检测。由于现场条件限制,心岛和接岸陆域东部岸线未进行检测,但在接岸陆域西部岸线增加了一个检测断面。采用机械及人工辅助配合方式称取块石垫层的块石质量,确定其是否满足设计要求。

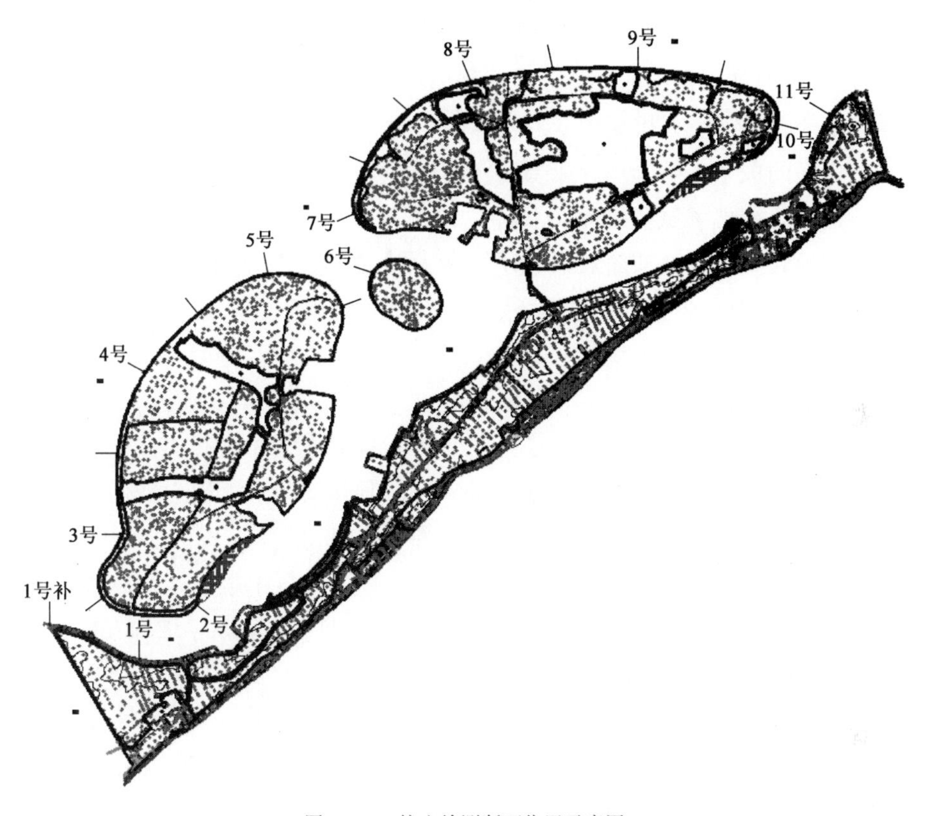

图7.1-3 核查检测断面位置示意图

所测现状断面的坡比为0.28~0.49,不满足设计要求;所测现状断面的垫层块石质量合格率为9.1%~40.0%,均不满足设计合格率100%的要求。

结构检测的综合评估结果如下:

(1)护岸实体检测承载力及稳定性满足要求,但局部存在护面扭王字块强度不足、块体损坏及缺失,综合考虑抽检区域护岸安全性评估等级为C级。

(2)护岸整体完好,护岸断面略有变化,变形、变位略超出设计允许范围,对使用略有影响,但不影响正常使用,抽检区域的护岸适用性评估等级为B级。

(3)通过现场对护岸扭王字块外观质量检查发现,混凝土存在表面麻面,局部石子外露,棱角变圆和松顶现象。

扭王字块和胸墙的混凝土抗冻融以及抗渗性能检测试验结果表明:抽检的胸墙混凝土抗冻及抗渗性能满足设计要求;抽检的扭王字块的混凝土抗氯离子渗透性能符合规范要求,但有两组扭王字块的混凝土抗冻性能不满足设计要求。

综上所述,抽检区域的护岸耐久性评估等级为 B 级。

7.2 地基处理检测

在地基处理领域,强夯加固作为一种有效的加固手段,其加固效果的评估和监测是确保工程质量的关键环节。然而,相比于理论性的研究,关于强夯加固效果的实践经验总结相对较少。在实际工程中,对加固程度的评价通常采用监测和夯后检测两种方法。监测过程中,工程师们会关注夯击能、夯沉量、夯坑周围变形、孔隙水压力等基本参数,通过分析现场观测资料,确定这些参数之间的关系。结合理论成果和实践经验,可以更准确地判断强夯地基的加固效果。一些学者通过总结现场试验和室内试验的观测成果,提出了一些评价加固效果的方法。在强夯法处理回填碎石土地基加固效果的评价中,原位试验是一种重要的评价手段。原位试验的目的是在尽量不破坏、少扰动的情况下,获取有代表性的工程参数,确保试验结果的准确性和可靠性。

平板载荷试验是一种常用的原位测试地基承载力的方法。该试验通过向承压板逐级施加荷载,模拟建筑物作用在地基上的情形,并通过绘制地基沉降量和时间的关系曲线,评价地基的承载力特征值。尽管该方法设备复杂、检测时间长,但其检测效果较为准确,因此在工程中得到了广泛应用。

重型动力触探试验是一种更为简便的检测方法。它通过将锥形探头与探杆打入土体,并根据探头进入土体一定深度所需的锤击次数,来得出土体的工程参数。这种方法设备简单、检测便利,适用于快速评估土体的工程特性。

承载板法回弹模量试验适用于在现场土基表面进行。通过用承载板对土基逐级加载、卸载,并测出每级荷载下相应的土基回弹变形值,可以计算求得土基回弹模量。这种方法为评估土基的弹性特性提供了一种有效的手段。

在本工程中,为了全面评估强夯法处理回填碎石土地基的加固效果,主要采取了浅层平板载荷试验、重型动力触探试验、承载板法回弹模量试验等多种原位试验方法。这些方法的综合应用,可以为工程师提供全面、准确的土体性能和状态信息,从而确保地基加固工程的质量和效果。

7.2.1 浅层平板载荷试验

载荷试验是一种重要的现场模拟试验,它通过在刚性承压板上加荷,模拟建筑物基础在天然埋藏条件下的受荷情况,从而测定地基土的变形特性。这种方法不仅可以测定地基土的变形模量,还可以评定地基土的承载力,并预估实体基础的沉降量。对于各种填土、含碎石的土等难以通过小试样试验获得准确数据的土质,载荷试验提供了一种有效的评估手段。对于不能用小试样试验的各种填土、含碎石的土等,最适宜于用载荷试验确定压力与沉降的关系。但载荷试验一般受荷面积比较小,加荷影响深度不超过 2 倍承压板的边长(或直径)。试验点的数量不少于 3 点,当满足其极差不超过平均值的 30% 时,可取平均值为地基承载力标准值。

平板载荷试验(PLT)只反映承压板下 1.5 ~2.0 倍承压板直径或宽度范围内地基土强度、变形的综合性状,但它是最直接、最可靠的试验方法,其他试验手段的结果都要以载荷试验的结果为参考依据。现场载荷试验是在工程现场通过千斤顶逐级对置于地基土上的载荷板施加荷载,观测记录沉降随时间的发展以及稳定时的沉降量,将上述试验得到的各级荷载与相应的稳定沉降量绘制成压力-沉降曲线(P-s 曲线),即获得了地基土载荷试验的结果。

平板载荷试验的指导规范有很多,主要依据《水运工程岩土勘察规范》(JTS 133—2013)实施,具体实施方法如下。

承压板:具有足够刚度的正方形钢板,面积为 2m 承压板,按照 8 级荷载施加。

加载装置:包括配重、压力传感器、载荷台架、千斤顶、承压板。反力系统可以由堆载或者地锚提供反力,施工现场通常使用强夯机来替代堆载。待强夯施工完毕,强夯机处于闲置状态,强夯机体型大、质量大、移动方便等特点非常适合作为移动的堆载装置,使平板载荷试验省去制造堆载花费的时间,提升了检测效率。

沉降观测装置:位移计、静力载荷测试仪、基准梁。

压力传感器、位移计、静力载荷测试仪均按照相应检定规程检定。

平板载荷试验的加载与测试操作步骤如下:

(1)载荷试验操作步骤按规范规定进行。

(2)在试验点位置整平场地,安装承压板,在安装承压板前试验点位置先采用粗砂找平,厚度不超过 20mm。

(3)安装反力构架,其中心应与承压板中心一致,且应避免对承压板预先施加压力;安装沉降观测装置,应对称,且不受地基变形影响。

(4)加荷分级为 8 级,最大加载不低于设计要求(120kPa)的 2 倍。

(5)自开始加荷,按 10min、10min、10min、15min、15min,以后每隔 0.5h 观测一次沉降量,当在连续 2h 内,每小时的沉降量小于 0.1mm 时,则认为已趋于稳定,施加下一级荷载。

(6)当出现下列情况之一时,即可停止加载,当满足前三种情况之一时,其对应的前一级荷载定位极限荷载:

①承压板周围土体明显侧向挤出。

②沉降量 s 急剧增大,压力-沉降曲线出现陡降段。

③在某一级荷载下,24h 内沉降速率不能达到稳定标准。

④承压板的累计沉降量以大于宽度或直径的 6%。

(7)处理后的地基承载力特征值按下列规定确定:

①当压力-沉降曲线上有明显的比例极限时,取该比例极限对应的荷载。

②当极限荷载小于对应的比例极限的 2 倍时,取极限荷载值的一半。

③当上述两款无法确定时,取 $s/b = 0.01$(s 为静载荷试验承压板的沉降量;b 为承压板宽度)所对应的荷载,其值不应大于最大加载量的一半。

7.2.2 重型动力触探试验

重型动力触探试验是利用一定的锤击动能,将一定规格的探头打入土中,根据打入土中的阻抗大小判别土层的变化,对土层进行力学分层,并确定土层的物理力学性质,对地基土作出工程地质评价。通常以打入土中一定距离所需的锤击数来表示土的阻抗,故有时亦称为贯入阻抗。动力触探的优点是设备简单、操作简易、工效较高、适应性广,对难以取样的无黏性土(砂土、碎石土等)、对静力触探难以贯入的土层,动力触探是十分有效的勘探测试手段。

重型动力触探同强夯设备脱钩原理相似,有一自动脱钩装置;试验过程中探杆的偏斜不宜超过2%,空心锤自由落体的频率为15~30次/min为宜,且锤垫离孔口的距离不应超过1.5m。每当探杆打入土体1m,需将探杆转动一圈以上,若触探超过10m,每打入20cm就应转动,目的是减少土层对探杆的摩擦力,且当锤击数$N_{63.5}$连续3次大于50时,改换120kg超重锤继续试验,当锤击数N_{120}超过50击时,用钻机透过块石继续进行动力触探试验。检测深度不小于设计处理深度。动力触探试验误差较大,影响因素多且复杂,比如土层某处有杂质被探头触碰到,还有人与设备的因素,比如杆长、操作不规范、地下水、孔壁土体摩擦等在试验过程中具有随机性,故在测试中往往需要对杆长进行修正。触探击数受杆长的影响显而易见,但各位学者却有不同的观点,需依据地基岩土的参数与动力触探指标之间的具体情况,判断是否要对试验数据进行修正,可参考《岩土工程勘察规范》(GB 50021—2001)。

动力触探试验是一种重要的工程地质勘察手段,它通过在钻孔中进行锤击,测定土层的工程性质。化建新、郑建国等编制的《工程地质手册(第五版)》(中国建筑工业出版社,2018)中,为了确保试验结果的准确性和可靠性,对试验操作规程有明确的规定。试验的质量管理需要遵循以下要求:

(1)试验设备的标准化控制至关重要。试验中使用的锤质量应为63.54kg ±0.5kg,外径不小于200mm,以确保锤击能量的准确性。钢质锤垫直径应为100~140mm,与锤质量之和不超过30kg,以减少对试验结果的影响。自由落距应控制在76cm ±2cm,钻杆直径为42mm或50mm,弯曲度小于1/1000,以保证钻杆的直线性。探头的锥部形状、贯入器尺寸、管靴长度和刃口厚度等也有严格的要求,以确保试验的标准化。

(2)试验方法的标准化控制是保证试验结果可靠性的关键。动力触探试验应采用自动脱钩的自由落锤方法,以最大限度减少锤与导向杆之间的摩擦力,保持锤击能量的恒定。钻孔质量同样重要,应尽量采用回转钻进,并用泥浆护壁或套管消除侧壁摩阻力。在地下水位以下钻孔或遇承压含水层时,要保护孔内水位或泥浆面始终高于地下水位足够的高度,以减少土的扰动。

(3)试验过程的标准化控制是必不可少的。在进行动力触探试验时,需要将整个杆件系统连同锤击系统一起下到孔底,并始终保持钻杆的垂直方向。记录初始贯入度后,锤击贯入应连续进行,不宜间断。锤击速率的控制也非常重要,砂土和碎石类土的锤击速率对试验成果影响不大,而其他土类则需要特别注意。

需要注意的是,影响动力触探试验的因素是复杂的,有些因素如杆长、地下水位等难以控制。此外,不同单位、不同机具、不同操作水平以及锤击能量的变化范围都可能对试验结果产生影响。因此,不能仅依据单孔的 N 值对土的工程性能进行评价。必须对 N 值进行杆长、地下水位等修正,并进行数理统计,舍弃异常数值后,方可利用。杆长的校正方法因国内外不同的规范而异,校正值也各有不同。

7.2.3 承载板法回弹模量试验

承载板法回弹模量试验法来自《公路路基路面现场测试规程》(JTG E60—2008),其主要实施方法如下。

1)仪器设备

加载设施载有集料重物、后轴重不小于 60kN 的载重汽车一辆。在汽车大梁的后轴之后 90cm 处,附设加劲小梁一根作反力架。汽车轮胎充气压力为 0.50MPa。现场测试装置,由千斤顶、压力表组成。

刚性承载板一块,板厚 20mm,直径为 30cm,直径两端设有立柱和可以调整高度的支座供安放弯沉仪测头,承载板放在土基表面上。

位移计两只;液压千斤顶一台;80 ~ 100kN 装有经过标定的压力表,其容量不小于土基强度,测定精度不小于压力表量程的 1/100;秒表;水平尺。

2)施工步骤

(1)试验前准备工作根据需要选择有代表性的测点,测点应位于水平的土基上,土质均匀,不含杂物。

(2)仔细平整土基表面,撒干燥洁净的细砂填平土基凹处,砂子不可覆盖全部土基表面,避免形成一层。

(3)安置承载板,并用水平尺进行校正,使承载板呈水平状态。

(4)将试验车置于测点上,在加劲小梁中部悬挂垂球测试,使之恰好对准承载板中心,然后收起垂球。

(5)在承载板上安放千斤顶,上面衬垫钢圆筒。千斤顶及衬垫物必须保持垂直,以免加压时千斤顶倾倒发生事故并影响测试数据的准确性。

(6)安放位移计。

(7)用千斤顶开始加载,注视测力环或压力表至预压 0.05MPa、稳压 1min,使承载板与土基紧密接触,同时检查位移计的工作情况是否正常,然后放松千斤顶油门卸载,稳压 1min,将指针对零。

(8)测定土基的压力—变形曲线。用千斤顶加载,采用逐级加载、卸载法,用压力表控制加载量,第一级加 0.02MPa,以后每级增加 0.04MPa。每次加载至预定荷载后稳定 1min,立即读记两台弯沉仪位移计数值,然后轻轻放开千斤顶油门卸载至 0,待卸载稳定 1min 后,再次读数,每次卸载后位移计不再对零。当两台弯沉仪位移计读数之差小于平均值的 30%,取平均值。

3)数据处理

各级压力下的影响量 a_i 按下式计算：

$$a_i = \frac{(T_1 + T_2)\pi D^2 p_i}{4 T_1 Q} a \tag{7.2-1}$$

式中：a_i——第 i 级压力的影响量(0.01mm)；

T_1——载重汽车前后轴距(m)；

T_2——加劲小梁距后轴距离(m)；

D——承载板直径(m)，取值为0.3m；

p_i——第 i 级承载板压力(Pa)；

Q——载重汽车后轴重(N)；

a——总影响量(0.01mm)。

取结束试验前的各级回弹变形计算值，按线性回归方法由下式计算土基回弹模量 E_0 值：

$$E_0 = \frac{\pi D}{4} \cdot \frac{\sum p_i}{\sum L_i}(1 - \mu_0^2) \tag{7.2-2}$$

式中：μ_0——土的泊松比，根据路面设计规范规定取用，当无规定时，非黏性土可取0.30，高黏性土取0.50，一般可取0.35 或0.40；

L_i——相对于荷载 p_i 时的第 i 级回弹变形计算值(cm)，即测量值加上对应的影响量。

7.2.4 检测成果

人工岛某一强夯区的检测结果如下：

(1)满夯完成后第15天进行静载荷试验检测，三个检测点地基承载力标准值均为不小于132kPa，综合确定地基承载力特征值为不小于120kPa，满足设计要求。试验最大加载值分别为264kPa、264kPa、264kPa，最大沉降量分别为9.16mm、10.84mm、9.84mm，加载到最大值时地基未呈现破坏状态，试验未能得到极限承载力值。

(2)满夯完成后第17天进行动力触探试验检测。经修正统计，试验区内检测三点最小击数为5.5击，根据规范确定地基承载力不小于220kPa。经过与试验区外未夯位置动力触探孔进行对比，检测深度范围内，动探击数均有不同程度提高，分层动探击数平均值提高均超过10%，提高比较显著，说明强夯影响深度不少于10m。

(3)满夯完成后第16天进行回弹模量试验检测。通过对试验数据分析计算，得出所检测三点的回弹模量分别为162.5MPa、73.9MPa、111.7MPa，满足设计要求的不低于60MPa。

7.3 人工沙滩质量检测

人工沙滩的建设是一个持续的过程，它不仅仅是一次性的工程，更涉及长期的管理和维护。为了确保人工沙滩能够正常发挥其使用功能，如休闲娱乐、生态保护等，定期的监测和维护显得尤为重要。这包括及时补充因侵蚀而缺失的沙源,保持沙滩的稳定性和持续性。沙滩养护和增补的砂质不仅会改变原有的岸滩地形,而且在水动力的作用下,新的岸滩形态会不断地进行调整和变化。这一过程是为了使岸滩达到与水动力条件相适应的稳定状态。国内的研究表明,在受蚀海滩上进行大量的抛沙作业,虽然能在非常短的时间内较大程度地改变原始岸滩的形态,但初期的沙滩是极不稳定的。随着时间的推移,沙滩的变化会非常明显。因此,开展沙滩参数的调查对于了解岸滩的侵蚀、淤积特性以及演变规律至关重要。通过这些调查,可以判断沙滩是否按照预期的状态演变,以及是否能够形成稳定的海滩环境。沙滩调查的内容包括岸线的形态、沙滩的坡度、沙滩的厚度以及沉积物的性质等。

在沙滩形态的检测方面,采取的手段与岛壁的检测方法一致,以确保检测结果的准确性和可比性。而对于沙滩厚度和外侧拦沙堤的检测,则可以采用动力触探方法。这种方法能够有效地评估沙滩的物理特性,为沙滩的养护和维护提供科学依据。根据人工沙滩的现场检测结果可以看出:

(1)根据海侧护岸和接岸陆域的总平面布置图,西岛人工沙滩、东岛人工沙滩、接岸陆域西侧人工沙滩、接岸陆域东侧人工沙滩均为月牙形。现场检测到人工沙滩的边界线表现为不规则的弧形,其中西岛人工沙滩的西侧长约58m(图7.3-1)和接岸陆域西人工沙滩西侧长约127m(图7.3-2)的设计沙滩范围内无海滩砂,露出了底部的块石护面。水下部分沙滩宽度岛上沙滩宽度接近60m,接陆域沙滩宽度接近50m。

图7.3-1　西岛人工沙滩西侧正射影像

(2)西岛、东岛、接岸陆域西侧、接岸陆域东侧等4个沙滩每个沙滩的拦沙潜堤设置动力触探检测点。每个检测点均能检测到拦沙潜堤,在拦沙潜堤的充填沙袋顶高程处动力触探击数有明显的增加。

(3)通过动力触探探测水下部分沙滩厚度在3~5m之间,有增厚的趋势说明沙滩在水动力作用下发生迁移,这与物理模型试验的结果是相符的。

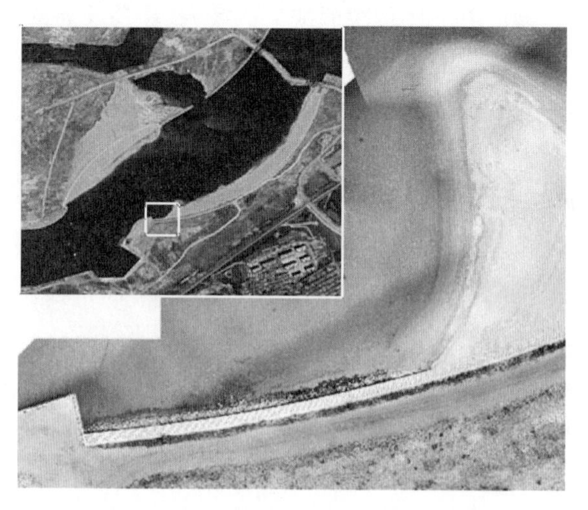

图7.3-2　接岸陆域西人工沙滩西侧正射影像

人工沙滩修复并非一次性工程，竣工后仍需采取一系列维护措施以确保其持久稳定：

(1)定期沙滩监测。在沙滩修复工程竣工后，必须进行定期监测以适应周边环境的变化。监测内容主要包括沉积物特征变化和岸滩剖面的对比分析，以评估沙滩的稳定性，并根据实际情况制定补沙方案。建议每年开展2～3次监测，以获取持续性治理与保护的基础数据。监测范围应涵盖岸滩地形、表层沉积物类型和水文要素等，通过长期连续的数据观察，分析沙滩状态和演变趋势。可以将监测区域分为重点区和普通区，重点区每年至少在冬、夏两季进行监测，普通区则每年监测一次。

(2)明确管理维护机构。沙滩修复整治短期内效果显著，但若管理权责不明确，修复效果将难以维持。沙滩位于海陆交界处，涉及多个管理部门如国土资源、海洋、城管和旅游等。因此，需地方政府协调各部门，明确权责，确定沙滩监管机构，统筹沙滩开发与保护，强化对周边渔业养殖活动的管理，定期清理沙滩杂物，控制不当的人类活动，防止偷沙行为，维护公共设施的完整性。

(3)加强沙滩养护与退化基础理论研究。沙滩养护理论是修复工程的基础，有助于岸滩剖面形态设计和填补砂质粒径的选取。通过分析沙滩退化过程，进一步了解养护后沙滩的动态演变机制，掌握沙滩对风暴潮的响应，以及探讨沙滩资源综合管理等研究，可以提高沙滩修复工程的质量。

(4)制定后续修复方案。随着公众对沙滩保护意识的提高，未来可能需要再次进行补砂修复工程。因此，制定后续修复方案十分必要，方案应总结首次整治修复工程的经验，参考周边资源环境综合规划，注重抛沙位置、成分、数量和沙源等关键因素，升级配套公共服务设施。修复维护工作应避开旅游高峰期。

通过一系列措施，可以有效确保人工沙滩的长期稳定性和功能性，满足生态环境保护和公众休闲需求。

参考文献

[1] 梁桁.珠澳口岸人工岛成岛关键性技术研究[D].天津:天津大学,2014.

[2] 陈秋明,黄发明,官宝聪,等.区域建设用海面积合理性初探[J].海洋开发与管理,2013(7):7-10.

[3] 张志明,刘连生,钱立明,等.海上大型人工岛设计关键技术研究[J].水运工程,2011,9(9):1-7.

[4] 孙宜超,陈永豪.蓬莱西海岸海洋文化旅游产业聚集区人工岛围填海项目设计方案[J].中国水运,2016,9(16):303-304+321.

[5] 王广禄.海湾沙滩修复研究[D].厦门:国家海洋局第三海洋研究所,2008.

[6] 关梦玲.海口南国明珠生态岛的生态建设与效果评价研究[D].天津:天津大学,2016.

[7] 张娜,任志杰,孙连成.人工港岛建设对海洋环境影响及生态防护措施研究[J].水道港口,2017,38(5):477-483.

[8] 张晗.人工岛建设对海洋生态环境的影响分析[D].大连:大连海事大学,2015.

[9] 赵善道.潮滩生态系统及人工岛开发利用能值分析研究——以东沙为例[D].南京:南京大学,2013.

[10] 孙磊,孙英兰,周震峰.青岛市海岸带生态系统压力综合评价指标体系研究[J].海洋环境科学,2009,28(5):584-587.

[11] 索安宁,曹可,马红伟,等.北部湾海岸带生态系统健康遥感监测与评价[D].南宁:广西师范学院,2013.

[12] 索安宁,张明慧,于永海,等.曹妃甸围填海工程的环境影响回顾性评价[J].中国环境监测,2012,28(2):105-111.

[13] 张明慧,陈昌平,索安宁,等.围填海的海洋环境影响国内外研究进展[J].生态环境学报,2012(8):1509-1513.

[14] 索安宁,曹可,马红伟,等.海岸线分类体系探讨[J].地理科学,2015,35(7):933-937.

[15] 赵奎寰.登州浅滩物质来源及运移趋势[J].海岸工程,1992,11(1):32-40.

[16] 李福林,夏东兴,王文海,等.登州浅滩的形成、动态演化及其可恢复性研究[J].海洋学报,2004,26(6):65-73.

[17] 吴桑云.山东省蓬莱西海岸侵蚀及其与地貌环境的关系[J].海岸工程,1992,11

(4):46-52.
[18] 王庆,仲少云,刘建华,等.山东庙岛海峡的峡道动力地貌[J].海洋地质与第四纪地质,2006,26(2):17-24.
[19] 石洪华,郑伟,丁德文,等.典型海洋生态系统服务功能及价值评估——以桑沟湾为例[J].海洋环境科学;2008,27(2):101-104.